確率的発想法

数学を日常に活かす

小島寛之 *Hiroyuki Kojima*

NHK BOOKS
[991]

NHK出版【刊】

Printed in Japan
［章扉デザイン］宮口 瑚
［協力］青藍社
［挿画］丸山ゆき

まえがき

不確実性なんてコワくない！
確率的発想法を身につければ、人生の捉え方が一変する

確率的発想法とは何か。それは、不確実性をコントロールするための推論のテクニックです。不慮の事故や災害、失業や倒産など、自分に降りかかってくる不確実なできごとをはっきりと対象化し、それに適切な戦略をもつことなのです。武器となるのは何か。もちろん「確率」です。

ここで確率と聞いて顔をしかめたなら、あなたは間違いなく学校教育の犠牲者でしょう。断じていいますが、「学校の確率」というのは、本物の確率ではなく、粗悪なイミテーションにすぎません。確率的発想法とは縁遠いものなのです。あなたが確率嫌いなのは、子供が給食のせいである食材を嫌いになったのと何の違いもありません。早く悪夢を忘れ、正常な味覚を取り戻すことをお勧めします。

本書が取り扱うのは、学校の確率とは別種の確率です。それは、世の中をとりまき誰も逃れることのできない不確実性という荒波に立ち向かう、そういう知恵を集大成したものなのです。そして、それこそが確率的発想法に他なりません。

本書は数学をベースにして、日常のできごとから、経済、はたまた環境問題や社会設計の話題まで足をのばす、たいへん欲張りな本です。股にかける分野は、数学、統計学、経済学、論理学、社会思想と幅広く、また基本中の基本からここ一〇年ほどの最先端の研究まで縦横無尽に取り入れてあります。一冊で三〇〇年分の耳学問ができるお徳用な本なのです（ちょっとおおげさかも）。

第1章から第4章までは基礎編です。まず、第1章と第2章では、日常のそこかしこに転がっている問題を素材にして、確率的発想法の基本をお教えします。算数ともいえないほどの簡単な計算が、不確実性の秘密をみごと網にかけるのにきっと驚かれることでしょう。それを受けて、第3章と第4章では、経済や社会の仕組みを確率で解明していきます。第3章では、ギャンブルや保険や資産運用の話を、第4章では環境問題を、確率の視点から眺望します。

第5章から先は発展編ということで、最先端の確率論をほとんど数式を使わずに解説しましょう。第5章では、「ナイト流不確実性」という、まったく新しい確率の発想が人間行動の本質を鮮やかにあぶり出す姿をお見せします。また第6章では、「コモン・ノレッジ」という集団的な推論形式の問題を扱います。これらを応用する形で、第7章では「平等」の問題を議論しましょう。確率がわたしたちの人生や社会と切っても切れない関係にあることを、痛感していただきたいと思います。

第8章では、「経験」を基礎にした推論の方法を紹介します。これは、現在進行形のもっともホットな分野です。そして終章では、「確率の時制」というすこし突飛な着想をお話ししたいと思います。これは哲学の分野で議論されてきた、「生きるとはどういうことか」「人間とはどういう存在

確率的発想法——数学を日常に活かす

【目次】

第6章 ぼくがそれを知っていると、君は知らない ～コモン・ノレッジと集団的不可知性

第7章 無知のヴェール ～ロールズの思想とナイトの不確実性

I
日常の確率

第1章　確率は何の役に立つのか

貴方に降り注ぐものが譬え雨だろうが運命《さだめ》だろうが
許すことなど出来る訳ない
此の手で必ず守る

椎名林檎（「闇に降る雨」）

天気予報の確率

世の中には、確率というと逃げ腰になる人が多いようです。受験生はいうまでもなく、社会人になってもほとんどの人が確率に対して苦手意識をもっているのではないでしょうか。

たしかに、数学の授業で教わった確率は、サイコロやら色のついた球やら数字並べなどを使った、現実離れしたものでした。その上、学生がひっかかりそうなややこしい問題ばかりを解かされたので、苦手意識を植えつけられてもしかたない面はあります。しかし反面、わたしたちは日常生活の中で、やまほど確率現象を目にしており、また無意識に確率的思考を行っています。「学校の確率」は忘れることはできても、「日常の確率」から逃れることはできません。

「確率現象」というのは、何もサイコロやコインだけに限られたことではありません。不確実性があるために結果を一つにしぼり込めないような現象は、すべて「確率現象」にあたります。「明日の天気は晴れか雨か」、「この株は、値上がりするのか値下がりするのか」、「恋人は、本当に自分と結婚するつもりでいるのか」、「この体調の悪さの原因はガンなのか」、「地球は本当に温暖化するのか」。こういった問題の答えは、一つに断定することはできません。これらもみな「確率現象」に属するのです。そして、わたしたちの暮らしと切っても切れない関係にあります。

このように、わたしたちの周りには、さまざまな確率現象がありますから、わたしたちはその不確実さに対して、ある種の予測をたて、そして自分の行動を決定しなければなりません。そのような行動決定の方法を、「確率的判断」あるいは「不確実性下の意思決定」といいます。確率的判断は、程度や方法の差はあるにせよ、わたしたちが日常行っていることですし、それらは実は「学校の確率」、あるいは「数学の確率」とは無縁ではないのです。

一番端的な例として、天気予報をあげましょう。天気予報では必ず「降水確率」というものを出します。わたしたちは、この降水確率の数字を見ながら、傘を持っていくか、服装はどんなものにするか、駅まで自転車で行くか歩きで行くか、などの意思決定をします。これは日常的な確率的判断の典型的な例です。

ところで、この降水確率とはいったい何を意味する数字なのでしょうか？　たとえば、「今日の降水確率は四〇％」などと予報されますが、この四〇％というのはいったい何の数字でしょうか。

この疑問にちゃんと答えられる人は案外少ないようです。まず、最初に思いつくのは、「一日のうちの四〇%の時間帯に雨が降る」という考えです。しかし、これは違います。もしそうなら、ゼロ%でない限り一日のいつかに必ず雨が降ることになりますが、決してそんなことはないからです。だとすると「その地域の四〇%の場所で雨が降る」という意味でしょうか。これなら、場所によっては雨が降らなくとも不思議ではないことになります。残念ながらこれも違います。

四コママンガで降水確率の数字をネタにしたものがありました。オチはこうです。「結局、それは四〇%の人が傘を持って出かけるということさ」。筆者は爆笑しましたが、いうまでもなく、正解ではありません。正解は、こうです。「気温、湿度、気圧などの気象条件が今と同じ過去のデータで、どの程度雨が降ったか」というもの。つまり、まったく同じ気象図だった過去のデータをピックアップして、その中でどの程度の割合で1ミリ以上の雨が降ったか、それから導かれた数値なのでした。

いわれてみればなるほどという解答ではありますが、わたしたちはそんなことを知らなくともこの数字をもとにして行動をしている、という点が重要なのです。まず、わたしたちは四〇%という数字に「可能性の程度」の印象を割り当てています。天気予報の側が行っているのは、「過去、同じ気象図のとき、何%の割合で1ミリ以上の雨が降った」という頻度、つまり客観的なデータなのですが、一方のわたしたちユーザーは、そういう意味にではなく、個人的な経験の中で利用しているのです。それはたぶんこんなふうでしょう。「四〇%という予報のとき、だいたいどんな程度で雨に遭遇した」という「イメージ」を個人的記憶に刻んで、その印象にしたがって行動を決定するのです。たとえば、「四〇%のとき傘を持たずに出たら、こんな損害——クリーニング代とかタクシー代とか立ち往生で無駄にした時間など——を被《こうむ》った」、そういう「イメージ」です。わたしたちは、たしかに、過去のマクロなデータに裏打ちされたその四〇%という意味は感じ取っていませんが、この数字と体験を合成して、自分なりの評価基準に利用しているのです。

日常生活での確率的判断

天気予報ばかりではなく、わたしたちは日常生活の中でさまざまな確率的判断をしています。どこかの場所に仕事で行く場合、到着予定時刻に間に合うためにはいつ会社を出なければいけないか、こんなときにも無意識のうちに確率的判断を行います。「おおよそ三〇分と見込めるけれど、まあ一〇分ぐらい多くかかることは結構あるだろう。だから四〇分ぐらい前に出るとするか」。こんな計算を心の中で行います。利用する乗り物に対する判断にもしばしばこういう思考を用います。「電車で行くと時間は確実だが、混んでいたり乗り換えが面倒だったりする。その反面、タクシーを利用すると、楽に直接目的地に行けるけれど、高くつくし、すぐつかまらないとか、道路が混んでいて大幅に遅れるとか、など不確定さがつきまとう」。昼飯にどの店に行くかを決めるのにも、確率的判断は欠かせません。おいしい店に行くと、混んでいて待たされることになり昼休みが終わってしまう、なんてこともままあります。ここに可能性についてのヨミを入れることになるわけです。お見合いをする人も、意外なことですが、確率的判断を繰り広げています。何人かとお見合いをすると「前の人のほうがこの人よりいい」だとか「この人は今までの中で最低だった」とか相手の良し悪しと順序との関係性が見えてきます。このとき、いったいどこで結婚の決断を下すべきかは、確率的判断の一つなのです。結婚を決めてしまうと、そのあとに出会う可能性のあるもっと好みの人を逃すかもしれないし、かといって現在の人をパスすると、もうその人以上の人とは出会えなくなるかもしれないからです。

ビジネスにおいては、このような確率的判断が、成功と失敗を分けます。たとえば、缶ジュースの新製品を発売するときには、どこか特定の地域でテスト販売してモニターをするのが一般的ですが、その結果から、全国展開するかどうかを決断し、売上はどのくらいと推定しなければなりません。どんな価格を設定するか、自販機主導にするか店舗主導にするか、どんなＣＭを仕掛けるべきか、これらの複雑な問題を解かねばなりません。飲食店を出店する場合も同じです。候補として検討しているテナントのビル付近にどのような住民がいるか、どんな年齢層で、どんな職業の人が多いか、通行人はどのくらいいるか、競合する店はどんなふうに分布しているか、これらのデータをもとにして、経営者は内装のアイデアを練り、店員の人数や給与を決め、仕入れ先とその量などの決断を下さなければならないのです。

もっと身近な例としては、お店がつり銭のためにどの程度小銭を準備するか、などという問題をあげることができるでしょう。お店に来る人には、値段ぴったりになるよう小銭を出して買う人もいれば、お札で買ってつり銭をもらう人もいるでしょう。小銭は供給されたり放出されたりします。どの程度事前に準備しておくかは、買い物に来る人々の不確実な支払い行動を読んで判断しなければならないのです。

このようにわたしたちは、日常生活やビジネスにおいて、常日頃から確率的発想というものを無意識に繰り広げています。その多くは非常に個人的な推論方法には違いありません。しかし、このような個性的な発想法に通底しているものがあるのです。それこそがまさに、数学における確率の理論に他ならないのです。

確率の原理は単純そのもの

確率が多くの人に毛嫌いされている現状は、中学・高校における数学教育の弊害であると考えられます。つまり、「学校の確率」が元凶なのです。学校では、確率というものは、「注目しているできごとの場合の数を数えて、全部の場合の数で割った商」と教えられています。たとえば「サイコロを二個投げて目の和が七になる確率」と聞かれたら、「目の和が七」になる六通りを全体の三六通りで割って六分の一、といった具合です。しかし、このような見方は、さきほど紹介したような日常生活に見られる確率的発想と結びつかない上、そもそも「場合を数える」だけで十分なのになぜ比をとるのだろう、などとその必然性がさっぱりわからなくなってしまう。だから、こういう学校教育を受けた人の多くは、確率というものをたんなる形式的な「数える作業」にすぎないと思い込み、ただ試験をパスするために勉強したに違いありません。ところが悲しいかな、この「学校の確率」は、「数学の確率」のほんの一部にすぎず、全体ではありません。「数学の確率」は、もっと自由で、その上、もっと本質的なものなのです。考え方は実に単純で、そして「数える作業」とは基本的に無関係です。

まず、ある不確実性を表現したいときには、ありうる可能性をすべて列挙します。たとえば、明日の天気ということを問題にするなら、

Ω＝{晴れ、曇り、雨、雪}

となります。これを「**標本空間**」といいます。明日の天気というのはこの中のどれかに決定されるのですが、現段階ではどれであると断言することができないために、ありうるすべての可能性を列挙しているわけです。Ωを構成する四つの要素、晴れ、曇り、雨、雪、を「**ステイト**」といいます。つまり、標本空間Ωの中のどれか一つのステイトが（自然とか、神とか、女神さまとか、デーモンとかによって）選ばれ、世界のありかたがあるステイトに決定されるその過程を、「不確実性のありかた」と見なしているわけなのです。このような、標本空間を決めるという作業を、わたしたちは普段から行っています。誰かから電話があった、と聞けば、可能性のある候補者をΩ＝{aさん、bさん、cさん、……}のように列挙しますし、夕食に招かれたときは、食事の候補をΩ＝{焼肉、和食、パスタ、鍋、……}という標本空間で想定し、それを参考にして、おみやげで持っていくべきものを、ワインにするか、日本酒にするか、はたまた花にするか、判断します。標本空間こそが、

不確実現象の端的な表現なのです。

ところでこの「可能性の列挙」のためには、集合を表す｛　　｝という記号でくるのが、実に使い勝手のいい表記法となります。集合を学校で習った人は、いったい何の役に立つんだろう、といぶかったこともあるでしょうが、こんなところでおおいに役に立ってくれるわけです。

それはさておき、ステイトを集めた標本空間Ωは「不確実性」の全容を表現しているわけではありません。いくら起こる可能性があるといっても、「晴れ」と「雪」というのが同等の起こりやすさをもっているとはいえないでしょう。そこで、ステイトの起こりやすさの「程度」を何らかの方法で表現する必要があります。これをもっとも自然に行うには、各ステイトの起こりやすさに**「比」**を割り当てるのがいいでしょう。たとえば、晴れ、曇り、雨、雪の起こりやすさの比例関係が4：3：2：1だとしたら、そのことを次のような記号で書くことにしましょう。

$$L(\Omega) = 4 : 3 : 2 : 1$$

これを**「オッズ」**と呼ぶことにします（Lという文字は、「Likelihood」（可能性、見込み）のLです）。オッズということばは、世の中では「賭け率」に用いられています。欧米などでボクシングに賭ける場合、「A選手とB選手のオッズは2：1」などと使われますね。これはA選手が勝つほうに賭けている人がB選手のそれに対して二倍いることを表しているわけです。日本でも、競馬や競輪などの配当は、基本的に賭け率から算出されます。

このような、標本空間ΩにオッズL(Ω)を組み合わせたものを**「不確実性モデル」**と呼びましょう。これで、不確実性というものが非常に簡単に定式化されたわけです。

ここで読者の皆さんが疑問にもたれるのは、オッズL(Ω)がどのように決められるか、という点でしょう。結論を先にいってしまうと、「どう決めてもいい」のです。その決め方によって、同じ標本空間Ωに対して複数の不確実性モデルが生まれます。それらの中から、用途にしたがって都合のいいモデルを使えばいいだけの話なのです。代表的な例をあげてみます。

さきに述べたように、天気予報の場合には、同じ気象条件のときの過去のデータをピックアップして、その中での四つの比率（晴れ、曇り、雨、雪のデータ数の比率）をオッズL(Ω)として決めています。このように過去のデータから頻度を割り出してそれをオッズとしたものは、「**統計的オッズ**」といって、もっとも頻繁に利用されているものです。それと対極にあるのは、たとえばあなたが、今日の夕方の空を見て明日の天気について適当なオッズL(Ω)を割り当てることです。これは、多少の経験と予感めいたものがあるにせよ、あなたの主観に他なりませんから、「**主観的オッズ**」といいます。けれども、主観的オッズを導入したものでも、りっぱな不確実性モデルである点は変わりません。

不確実性の定式化は以上で終わりです。そのあっけなさとともに、学校で習ったこととのギャップに多少驚かれたのではないでしょうか。

確率は足し合わせると1になる

さて、不確実性モデルができあがったので次は「確率」に移りましょう。

世界のありかたは標本空間の中のどれかのステイトに決まるのですが、わたしたちが不確実性について何か知りたいとき、それは個々のステイトについてだけとは限りません。天気の例でいえば、「傘を持っていくかどうか」という決断には、二つのステイトからなるA＝{雨、雪}の可能性を見積もることが肝要《かんよう》となります。このようにいくつかのステイトを集めたものを**「イベント」**（事象）といいます（その意味では、ステイトもイベントの一種です）。

わたしたちは、ステイトだけではなく、このイベントたちの起こりやすさも評価したいのです。そこでイベントAの起こりやすさを表す数値をP(A)と書くことにしましょう（Pは、Probability（確率）のPです）。今、これをどう決めるのが自然なのかを考えます。

まず一般のイベントの前に、ステイトたちの確率を先に決めましょう。天気の例で、ステイトは、晴れ、曇り、雨、雪の四つでそのオッズが4：3：2：1なのですから、この比例を保ったまま「全部足し合わせて1」になるように確率を決めます。これはつまり、足して一〇〇％にするということです。そうすると、

P(晴れ)＝0.4，P(曇り)＝0.3，P(雨)＝0.2，P(雪)＝0.1

となります。「足し合わせて1」となるようにすることを「正規化」といいますが、こうしておくと他の不確実性モデルと比較するときに便利なのです。たとえばできごとx、yが2：3で起こる

モデルでのxの起こりやすさと、できごとs、t、uが3：3：4で起こるモデルでのsの起こりやすさを比較するときは、オッズよりも確率に直してそれぞれP(x)＝0.4　P(s)＝0.3としたほうが比べやすいわけです（もちろん、その他にもいろいろ便利な点があります）。

次に一般のイベントに確率を導入しますが、これはたんに「それを構成するステイトの確率の和」を割り当てるにすぎません。たとえば、傘を持っていく、というイベントA＝{雨、雪}でいうと、P(A)＝P({雨，雪})＝0.2＋0.1＝0.3となります。簡単ですよね。

このようにイベントの確率を定義したことで、自然に雨と雪からなるイベントの確率P({雨、雪})が、雨の確率P(雨)と雪の確率P(雪)の和となり、

P({雨，雪})＝P(雨)＋P(雪)

という分配法則が成立することになります。この性質は確率法則の一つです。

ではここで、確率法則のうち代表的なものを見ておくことにしましょう。

[確率の代表的な性質]

（その1）　どんなイベントEの確率も0以上1以下である。(0≦P(E)≦1)

（その2）　空であるイベントφ（ステイトを一つも含まないイベントで「何も起きない」ことを表す）の確率は0で全体であるイベントΩの確率は1　(P(φ)＝0，P(Ω)＝1)

（その3）　確率は加法性をもっている。AとBが一緒に起きることがないなら、P(A or B)＝

$$P(A)+P(B)$$

（その3）はすこしやっかいなので、詳しく説明しましょう。「雨傘を持っていく」という事象A＝{雨、雪}と「日傘を持っていく」という事象B＝{晴れ}を考えます。ここでAとBが「両方とも起きる」ことはありません。共有するステイトがないからです。世界のありようがどのステイトに決まったとしても、それがイベントAの中のステイトならイベントBは起きていないし、イベントBの中のステイトならイベントAは起きていません。このようなときには、イベントA or B、つまり「雨傘を持っていくか、または、日傘を持っていくか」の確率P(A or B)は、Aの確率P(A)とBの確率P(B)を加えたものと等しくなるのです。このことは図1－1を見ると、簡単に理解できるでしょう。

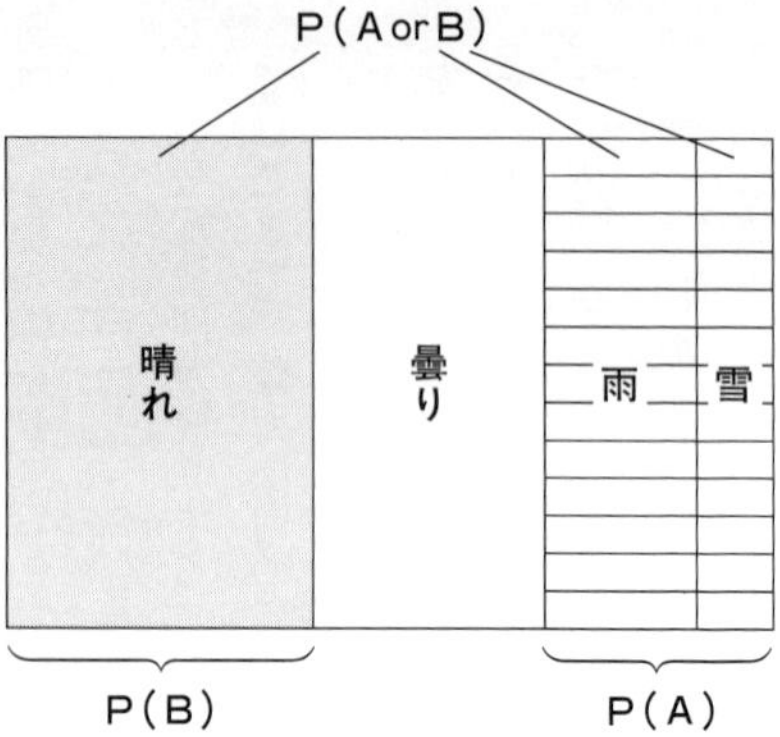

図1－1

とくに「確率を全部足し合わせると1」と「確率は加法性をもつ」という二つの性質は、確率というものを特徴づける重要な性質です。本書の後半では、このことを基点に新しい確率理論を眺望していきますから、なんとなく心にとめておいてください。

メンデルの大発見

不確実性モデルの使い方を理解してもらうために有名な例をあげることにしましょう。

自然界に潜んでいる不確実性の中に、きれいな数学法則があることに気づき、しかもそれが重大な発見につながった顕著な例として、「メンデルの法則」をあげることができるでしょう。グレゴール・ヨハン・メンデルは、一九世紀のオーストリアの修道士で、一九〇〇年に三人の学者によって遺伝の法則が提唱される三〇年も前に、すでにその法則を発見し、論文を発表していました。現代科学の花形である遺伝子理論の先駆けであったにもかかわらず、メンデルは誰にも注目されることなく生涯を終えた不運の生物学者でした。

メンデルは、修道院の庭先にある植物園でエンドウの交配実験を繰り返し、画期的な法則を発見するのですが、それは図１－２のようなデータから得られました。

形質	黄色・丸	黄色・しわ	緑色・丸	緑色・しわ
数	315	101	108	32

図１－２

この表は、エンドウの花の色と豆の形について、五五六個のサンプルから得られたものです。これらからメンデルが推測したことを、さきほど解説した確率の現代的な表記を利用して再現すると、次のようになります。

まず標本空間を、Ω＝{黄色・丸、黄色・しわ、緑色・丸、緑色・しわ}としましょう。そして、エンドウの形質として生じるこの四つのステイトのオッズを、表のデータの比としてみます。つまり、L(Ω)＝315：101：108：32となるのですが、ここでメンデルはこのオッズが非常に単純な比例で近似できることに気がつきました。それは、9：3：3：1という比です。これはたんなる偶然でしょうか。メンデルは、この背後には何か単純なメカニズムがあり、だから、後者の単純化されている比例値のほうこそが真実のオッズであろうと推論したわけです。つまり、メンデルは以下のような不確実性モデルを想定しました。

Ω＝{黄色・丸，黄色・しわ，緑色・丸，緑色・しわ}

L(Ω)＝9：3：3：1

すると、エンドウの形質についての確率は以下のように得られます。

P(黄色・丸)＝9/16, P(黄色・しわ)＝3/16, P(緑色・丸)＝3/16, P(緑色・しわ)＝1/16

また、イベントについても、たとえば、「花が緑色」＝{緑色・丸、緑色・しわ}というイベントに対しては、P(花が緑色)＝3/16＋1/16＝1/4と求められます。この四分の一という数値の単純さを見ると、背後に何か数学的原理が働いているのだろう、という予感が強まるというものです。

メンデルはここから、交配における遺伝子の配合という単純明快な法則にたどりつきます。つまり、親のもっている対《つい》の遺伝子から一つずつの遺伝子をもらって自分の遺伝子が作られる、というモデルです。子は親である二個体から、それぞれy（黄色）かg（緑）の遺伝子を等確率でもらい、yy、yg、gy、ggの四種類のいずれかの組み合わせになります。標本空間は{yy, yg, gy, gg}でオッズが1：1：1：1となる、と考えたのです。このとき、「緑」という形質が表れるのがggの組み合わせである（劣性遺伝）と仮定すれば、「花が緑」の確率は四分の一となる。そればかりでなく、他の確率もれなく説明できる。そうメンデルは推論しました。エンドウの形質の観測から作った不確実性モデルを、まったく別の不確実性モデル（遺伝子モデル）から説明する、彼はそういう方法論を編み出したのでした。

これを見ると、メンデルの脳裏には不確実性モデルの基本概念が萌芽《ほうが》していたと考えられます。メンデルの、この単純なデータとそこからの推論には、「大数の法則」という頻度主義の確率理論の基本原理が潜んでいる、といっても過言ではありません。この点については、次の章で詳しく解説することとしましょう。

メンデルのこの偉大なる発見が、長い間見逃されていたのには、いろいろと事情があったようです。たとえば、当時の植物学は博物学の域を出ておらず、数理的な分析は理解を得るのが難しかったということがあげられます。その上彼は、修道院活動の一環として中学で物理を教えていたため、物理の専門家という目で見られていたのも災いしたようです。そして何よりも、メンデルが非常に口下手《くちべた》で控えめな性格だったため、植物学者たちを説得するエネルギーに欠けていたのが致命的だったのです。しかしそれでも、死後とはいえ、その研究が脚光を浴び、こうして後世に名を残すことになったわけですから、どんな形であれ、研究を世に問うておくのは大切なことでしょう。

ギャンブルをめぐる奇妙な論理

現代的な確率論の研究は、一七世紀にブーレーズ・パスカルに賭博師シュバリエ・ド・メレが質問をしたことから始まったといわれています。このエピソードからもわかるように、確率とギャンブルとは切っても切れない間柄にあります。今、確率論の進歩が著しい分野の一つ、ファイナンス（資産運用）が、いってみれば一種のギャンブルであることからもそれはうかがいしれます。

ところで、ことギャンブルに関しては、人々は非常に個性的なロジックをもっているようです。縁起をかつぐ、とか、ジンクス、なども一種のロジックでしょう。そしてそれらの理屈は、だいたいにおいて非常に奇妙なものなのです。

筆者がときどき食べにいく鮨屋の板前さんは、筆者がギャンブルの知識にうといのを見て不憫《ふびん》に思ったのか、次のような「極秘情報」を教えてくれました。「お客さん、競馬の1レース目で9の数字が絡んだときは、一日中9の番号に張るといいですよ」。またパチンコ屋で、隣に座った年配の女性が「秘訣」を教えてくれたこともありました。「あんたね、下手そうだから教えてあげるわよ。リーチがかかったらレバーを叩くといいのよ」。冗談かと思って観察していると、その人はたしかにリーチがかかるたびにレバーを叩いておりました。理系の教育を長い間受けてきた筆者には、これらは実に珍妙な理屈に見えました。けれども経済学者になった今は、彼らのこの戦略を一概に笑い飛ばすこともできないと考えています。主観的オッズは、それがどこからやってこようと、一つの不確実性モデルであるからです。彼らの経験と人生観が、そのような見積もりを正当化しているのなら、そのような思考法を経済学者として解明する使命があると感じます。

ギャンブルにおけるロジックが人それぞれといっても、いくつかの代表的なパターンがあるようです。まずあげられるのは、「失った額を取り返すような賭け方」をする人です。たとえば、最終レースまでに一〇万円を失っていて、最終レースのための資金が一〇〇〇円だけ残っている場合、配当が一〇〇倍の馬に賭けるわけです。このとき、その馬が勝つ確率のことは念頭にないようで、注目するのは配当だけなのです。このような戦略を「**マルチンゲール戦略**」といいます。この戦略を取ると、雪だるま式に賭け金が膨らんでいき、破滅的な状態に陥ることも稀《まれ》ではありません。

旧大和銀行ニューヨーク支店で巨額の損失を出した日本人ディーラーもこの罠《わな》にはまったようです。最初の小さな損失を上司に報告せず、それを粉飾したため、取り返そうとややリスクの高い取引に手を出しました。そこでも損失を出し、またそれを含めて取り返そうと、どんどんリスクの高い取引に踏み込んでいって、しまいには取り返しのつかない巨額の損失をたった一人で築きあげてしまったわけです。

彼のような人物は特別ではなく、世の中でときどき見受けられます。筆者の知り合いに、この事件についてこういってのけた人がいました。「彼の行為が間違っていたとはいえないよ。だって、彼がすべて裏側に張っていたら、損失の額と同じ額を儲けていたわけだからね」。この知り合いが、マルチンゲール戦略の本質を見抜けていないのはともかくとして、このような血気盛んなギャンブラーはけっこういるものです。

別のパターンとして、「レースの展開を論理的に読んで、結論をしぼり込む」というタイプの思考をするギャンブラーがいます。競馬でいうなら、過去のデータ、馬の特徴、体調、ジョッキーの人間関係、天候、競馬場のコンディション、などを参考にして、レース展開を完全にシミュレートするわけです。この場合、確率というのは意味をもちません。なぜなら、標本空間の中のどのステイトが生起するのかを、オッズによらず論理的に一つにしぼり込むからです。この場合の不確実性とは、推論の根拠の正当さに依存することになります。問題はゴールを馬たちがどのような順序で駆け抜けるかであり、スタートからすべての展開を読む必要はない、と思えるのですが、「論理的に」帰結を読むとするなら、たしかにスタート時点から一つずつ推論を積み上げていくのは自然な作業でしょう。

クジは、引く順番で当たりやすさが違うか

このようなギャンブルにおける固有論理の中で、かなり多くの人に支持されているものがあるので紹介しましょう。それは、「クジは、引く順序で当たりやすさが違う」というロジックです。筆者がアルバイトをしていた塾で、バブル期に講習の希望者が殺到したことがありました。このとき、受付順序をクジ引きで決めるといいましたら、先に引かせろ、と苦情をいう人が多くて困りました。「数学的には、どんな順序で引いても同じです」といってもなかなか納得してくれません。他にも例があります。プロ野球で新人選手を取り合うドラフト会議というもので、昔、こんなことをしていたことがありました。選手指名の順番をクジで決めるのですが、まず「クジを引く順番を決めるクジ」を各球団の代表が引くのです。数学的にはナンセンスに見えることが、テレビ画面を通して

堂々と全国に放送されていました。

「クジの当たりやすさは引く順番には関係ない」ということは、不確実性モデルを使えば次のように証明することができます。三本のクジA、B、Cのうちの二本A、Bが当たりだとして、それを三人が順々に戻さずに引いていくことを考えましょう。このとき、どういう順番で各クジが引かれるかをステイトとすると、次のような標本空間で表すことができます。

Ω＝{ABC, ACB, BAC, BCA, CAB, CBA}

たとえば、BCAというのは、一番目の人がBを、二番目の人がCを、三番目の人がAを引くことを表しています。これら六個のステイトに有利不利はないと考えられますから、オッズは、1：1：1：1：1：1としていいでしょう。このとき、「一番目の人が当たりを引く」というイベントは、{ABC, ACB, BAC, BCA}、「二番目の人が当たりを引く」というイベントは{ABC, BAC, CAB, CBA}、「三番目の人が当たりを引く」というイベントは、{ACB, BCA, CAB, CBA}ですから、どのイベントの確率もみな$1/6\times4=2/3$となって同一です。このようにクジを引く順番が、クジに当たるかは

くじは早く引くほど当たるってこと？

ずれるかとは無関係であることが数学的に証明されます。

それでは、なぜ人はクジを引く順番にこだわるのでしょうか。その理由の一つには、オッズをさきほどあげた1：1：1：1：1：1と見てはいない、ということがあるかもしれません。また、このような「全員が引いてしまった状態」をステイトとするモデルが現実を描写していない、と感じられることもありうるでしょう。たとえば、二番目の人の結果は、三番目以降の人の結果には依存しないにもかかわらず、その人たちの結果も踏まえてモデル化しなければならないのは不自然といわれれば、反論は難しいです。さらにいうなら、現実のクジ引きは、たとえば、最初の人がBのクジを引いたら、二番目の人はAかCを五分五分の確率で引くことになり、さきほどのΩとは違う世界観の上に成り立っていると考えられます。

しかし筆者は、この順番へのこだわりを、「意志」ということで説明するのが適切なように思います。クジをあとのほうで引く人は、選択の余地（自由度）がすこししかありません。極端な話、最後にクジを引く人は、たった一つの残りクジを押しつけられることになり、自分の自由意志を働かせることがまったくできないわけです。人には多かれ少なかれ、「自分の運命は自分の意志で決めたい」という性向があるでしょう。だとすれば、最後に引く人は、自分の運命が他人の行動の帰結として決められるような、そんな不満をもっても不思議ではありません。その証拠に「残り物には福がある」などという格言があり、これはこのような不満を緩和するために編み出された格言に違いありません。クジの順番にこだわる性向は、数学に親しんだ人には笑いごとにすぎないかもしれませんが、「不確実性」と「意志」とのかかわり合いという点では、重要な示唆をもっています。このことについては、本書の後半で詳しく分析していくことにします。

確率は情報によって変化する

不確実性モデルを扱うとき重要となるのは、「情報」という要素です。不確実性の出所を大きく二つに分類すると、「未来の時間」と「知識の不足」だということができます。人がものごとを不確実だと考えるのは、一つにはそれが「これから起きる未来の時間に属すること」だからです。しかし、もう一つ、「過去に起きてしまったこと」にも不確実性があります。過去のできごとが不確実なのは、「知識の不足」から結果を知らないことに由来します。

たとえば、夜遅く帰宅してドアを開ける直前、「今日の夕飯はカレーだろうか、パスタだろうか」と考えたとしましょう。すでに夕飯はもうできあがってテーブルに並んでいます。結果はずっと前に決まっているのです。しかし、あなたはそれを「知らない」から不確実なわけです。この章の冒頭にあげた確率現象の例でいえば、「明日の天気は晴れか雨か」、「この株は、値上がりするのか値下がりするのか」、「地球は本当に温暖化するのか」は「未来の時間」にまつわる不確実性であり、「恋人は、本当に自分と結婚するつもりでいるのか」、「この体調の悪さの原因はガンなのか」は、「知識の不足」にまつわる不確実性だということになります。ここでは、後者について考えることにしましょう。

「知識の不足」による不確実性モデルには、「確率が情報によって変化する」という特性があります。知識の不足によって不確実性が生じているのだから、情報によって知識が変化すればオッズも変化して当然です。

このことを理解していただくために、こんな例をあげましょう。今、あなたは話している相手の血液型を知りたいと思っているとします。結果を聞く前は、相手の血液型はあなたにとって不確実現象ですが、これは「知識の不足」による不確実性です。相手の血液型はすでに決定しており、あなたがそれを知らないにすぎないからです。このときあなたは、日本人全体の血液型の分布をオッズとして割り当てるのが自然でしょう。不確実性モデルは、次のようになります。

Ω＝{A, O, B, AB}　L(Ω)＝4：3：2：1

（4：3：2：1というのは、現実の日本人の血液分布を近似値で表したものです）

このとき、相手がA型である確率P(A)は〇・四となります。ここで、相手が「自分はB型ではない」と教えてくれたとしましょう。こうなると当然、あなたの不確実性モデルは変化します。情報「Bでない」（＝{A, O, AB}というイベント）を取り込んだ新しい不確実性モデルは、次のようにするのが自然です。

Ω/(Bでない)＝{A, O, AB}　L(Ω/(Bでない))＝4：3：1

これを「**情報付不確実性モデル**」と呼ぶことにしましょう。モデルがこう変更されると、もちろん確率も変わります。「B型ではない」という情報を得た上での「A型である」確率を「**条件付確**

率」といい、P(A/Bでない)と書きます。情報付不確実性モデルでも、「確率をすべて足し合わせると1」という原則を保つようにしますから、新しいオッズ4：3：1からP(A/Bでない)は4÷(4＋3＋1)＝0.5と計算されます。情報が入手されたために、A型である確率は〇・四から〇・五に変化しています。この変化は「足し合わせると1」という性質を保持した帰結です。このようにして、確率の見積もりは情報によって変化するのです（図1－3）。

経済社会や政治や国際関係では、時々刻々と情報が入ってきます。人々はその情報によって、不確実性の評価を変更し、事態に対応していかなければなりません。このとき、情報を取り込んで変化する「情報付不確実性モデル」というのは、このような戦略を練る上で欠かすことのできないツールだといえるでしょう。そして、この考え方の延長上には「ベイズ法則」というものがあって、それは現代の確率理論の花形なのです。これについては、次章で詳しく説明します。

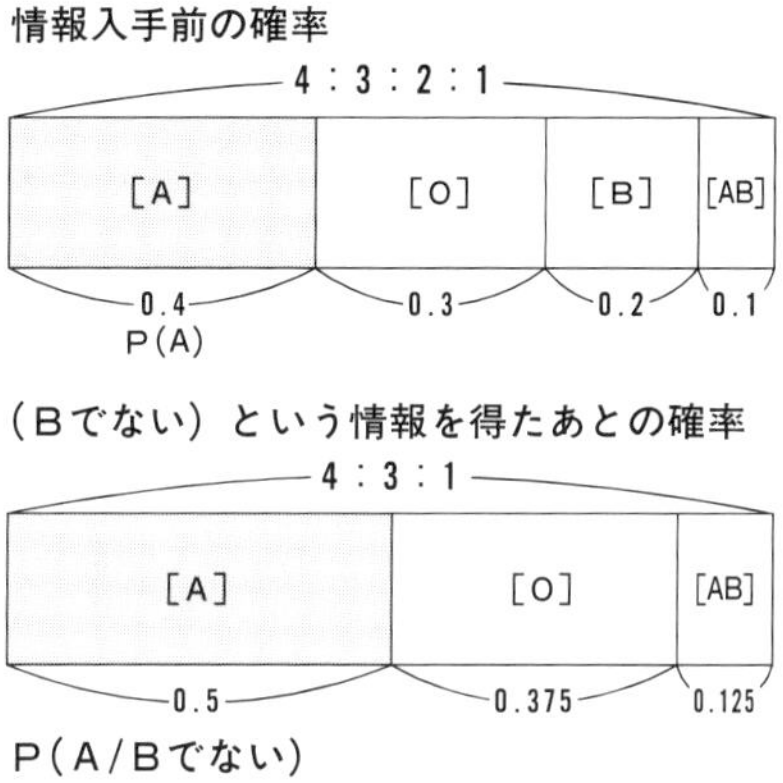

図1－3

リスクの分散と撹乱戦法

世の中は不確実性に満ちており、わたしたちはいつもそれに翻弄《ほんろう》されています。しかし、不都合なことばかりとは限りません。その不確実性と上手に渡り合う、あるいは、確率を有効利用する、そういうすべもあるのです。これこそがまさに確率的発想だといえます。

もっとも有名な確率的発想は、「リスクを分散する」というものです。悪運を完全に避けることはできない。ときには逃げても逃げても振り払うことができない。しかし、悪運がいくつもいっぺんに降りかかる、ということはめったにありません。だから、できごとの受け皿を細かく分割しておけば、浅い傷で済むのです。これが「リスクの分散」です。

あなたが旅行に行くとします。このとき所持金をすべて一カ所に入れておくと、盗難にあったりなくしたりして、いっぺんに所持金を失うことになります。しかし、所持金を細かく分割して、いろいろな場所にしまっておけば、失う金額も少なくて済むでしょう。

これを資産運用に利用するのが、「分散投資」というテクニックです。たとえば、半々の確率で投入資金が四倍になるか、投入資金すべてを失ってしまうかの投資があるとします。一〇〇万円の資金を、この投資に一発で投入してしまうと、五〇%の確率で一〇〇万円全部を失ってしまいます。これは危険すぎます。しかし、一〇万円ずつに分割して一〇回に分けて投資すれば、すべて失ってしまうなどという不運は起きません。実際、コイン一〇枚投げてすべてがうらになる確率は（二の一〇乗を計算して）一〇二四分の一ですから、奇跡のようなできごとにすぎないのです。この分散投資をすると、だいたい五回前後の回数で四倍のリターンを期待できますから、一〇〇万円前後の儲け（40×5－100＝100万円）が期待できるわけです。このように「分散投資」は、確率的発想の典型的な例といえます。

また、確率現象というものを戦略として積極的に利用する場面もあります。人は何かの勝負のときに、相手に手を読まれないようにしようとするでしょう。しかし、どうしても固有の癖があってそれを読まれてしまい、負けることもある。そうならないために、サイコロを振ったり、乱数表を利用したりして、相手を攪乱《かくらん》するのです。有名な例としては、プロ野球のピッチャーが投げる球種を決めるのにグローブに貼った乱数表を利用する、というのが流行《はや》ったことがありました。後に試合時間の短縮のために禁じられましたが、これこそ確率の有効利用です。別の例では、入試の試験問題の選択肢を乱数で作っている、というのがあります。そうしないと、出題者の心理的な癖を受験生に読まれて（あるいは統計をとって見抜かれて）、勉強していないにもかかわらず高得点を取られてしまう可能性が否めないからです。

これをもっとも上手に利用したのが、クイズ番組「クイズ・ミリオネア」（二〇〇四年の正月に放映）に出演した新庄剛志《しんじょうつよし》選手でした。彼は、最後に出題された択一式の難問の答えを、鉛筆を転がして決めたのです。それでみごと一〇〇〇万円を手にしました。考えてみるとクイズ問題というのは、いかにも取り違えそうな選択肢を混ぜるものでしょう。だとすれば、考え悩んだあげく出題者の仕掛けた罠にはまるより、むしろ完全な確率現象を利用するほうが有効なのかもしれません。新庄選手の戦略は、真の意味で有効な確率的発想法だったといってても過言ではないのです。

実はこのように「人が自分固有の癖にはまる」こと、それから脱出するには乱数による攪乱を利用すると良いことが、本書の後半で重要なテーマとなりますので、お楽しみに。

第2章　推測のテクニック
～フィッシャーからベイズまで

本当に確かだったのはいったい何でしょうねぇ
時の流れは本当もウソもつくから
佐藤伸治　（フィッシュマンズ「Go Go Round This World」）

確率はどこからやってくるのか

第1章では、不確実性モデルというのは、標本空間（可能性の列挙）とオッズ（起きやすさの比例）を導入すればできあがることを説明しました。そして、オッズの設定が基本的に自由であることも提示しました。しかし、いくら自由であるといっても、何の脈絡もないオッズの設定には妥当性がないし、また、そもそも思いつきもしないでしょうから、やはりそこには標準的な方法論とその根拠があってしかるべきでしょう。

そこでこの章では、確率をどう見積もるかについての代表的な考え方を二つ紹介し、その背後にどんな思想が隠されているかを明らかにしようと思います。一つは、ロナルド・エイルマー・フィッシャーやイエルジー・ネイマンによって完成された「**統計的推定**」の考え方であり、もう一つは、一八世紀からの長い歴史をもちながら、二〇世紀後半になって急に攻勢を極めた「**ベイズ推定**」の考え方です。

大数の法則

確率を推測する方法論として、もっとも古典的にしてスタンダードであるものは、統計的オッズを利用する方法です。要するに、過去のデータを未来に対しても適用する考え方なのです。

もう一度、前章のメンデルの法則を振り返ってみることにしましょう。メンデルは、エンドウの形質を表すΩ＝{黄色・丸、黄色・しわ、緑色・丸、緑色・しわ}という標本空間に対して、315：101：108：32という観測結果から、その比例を簡約化した９：３：３：１というオッズを想定しました。この考え方の背後には、次のような思想があったと想像されます。

第一に、エンドウの形質の表出メカニズムには、「単純にして美しい自然科学的な確率法則」があるに違いないこと。第二に、その確率法則は、大量の観測によって近似的に確認されるだろうこと。第三に、その理想的なオッズを前提として、もとのデータを見直すとき、そのデータが強く支持されうること。この三つの観点は、確率論の研究において、もっとも強く信奉されている思想であり、「**大数の法則**」と名づけられています。きちんと説明すると次のようになります。

まず、不確実性モデルの標本空間を、たとえば、Ω＝{a, b, c, d}とし、オッズをL(Ω)＝x：y：z

：wとしましょう（ただし、始めから正規化して、x＋y＋z＋w＝1としておきます。つまり、各文字は直接に確率となります）。このとき、「この不確実現象を多数のN回繰り返し観測し、起こった個数を数えると四つのステイトa、b、c、dの起こった回数（頻度）が、限りなく（回数）×（確率）、すなわちNx, Ny, Nz, Nwに近くなる」という法則なのです。たとえば、サイコロを六万回投げると1の目の出る回数は、回数と確率を掛けて（六万）×（六分の一）＝（一万回）にほぼ近い、といったことです。

　これは、「一回に対して想定される可能性のオッズは、多数回の観測において実体化される」、ということなります。つまり、「これから起こす一回の試行におけるオッズ」という、理念的で仮想的な数値が、「多数回の観測」という現実の行為の中で頻度の比として確認されることを意味しています。このことは一七世紀の数学者ヤコブ・ベルヌイによって限定的ながら数学的に証明され、二〇世紀になってアンドレ・コルモゴロフという数学者によって完全に証明されることになりました。

乗法公式でアイスクリームの売上を予測する

「大数の法則」は、もちろん、無条件で成立するわけではありません。いくつかの数学的な前提が必要です。とりわけ、「試行を繰り返す」ときの確率の計算は本質的なものになりますので、すこしまわりくどくなりますが、簡単な例から説明しておくことにします。要は、「まずある結果が出て、その結果にしたがう形で次の結果が出て」という具合に、不確実性モデルが順次展開されていく場合、「最終的な確率は掛け算していくことで得られる」、ということです。

こんな例で考えてみましょう。第一ステップとして、天気がΩ＝{晴れ、雨}のいずれかに決まるとします。その上で、第二ステップとして、アイスクリームの売上が決まります。晴れのときはΓ＝{x万円、y万円}、雨のときはΣ＝{z万円、w万円}となるとします。この構造を図示すると、

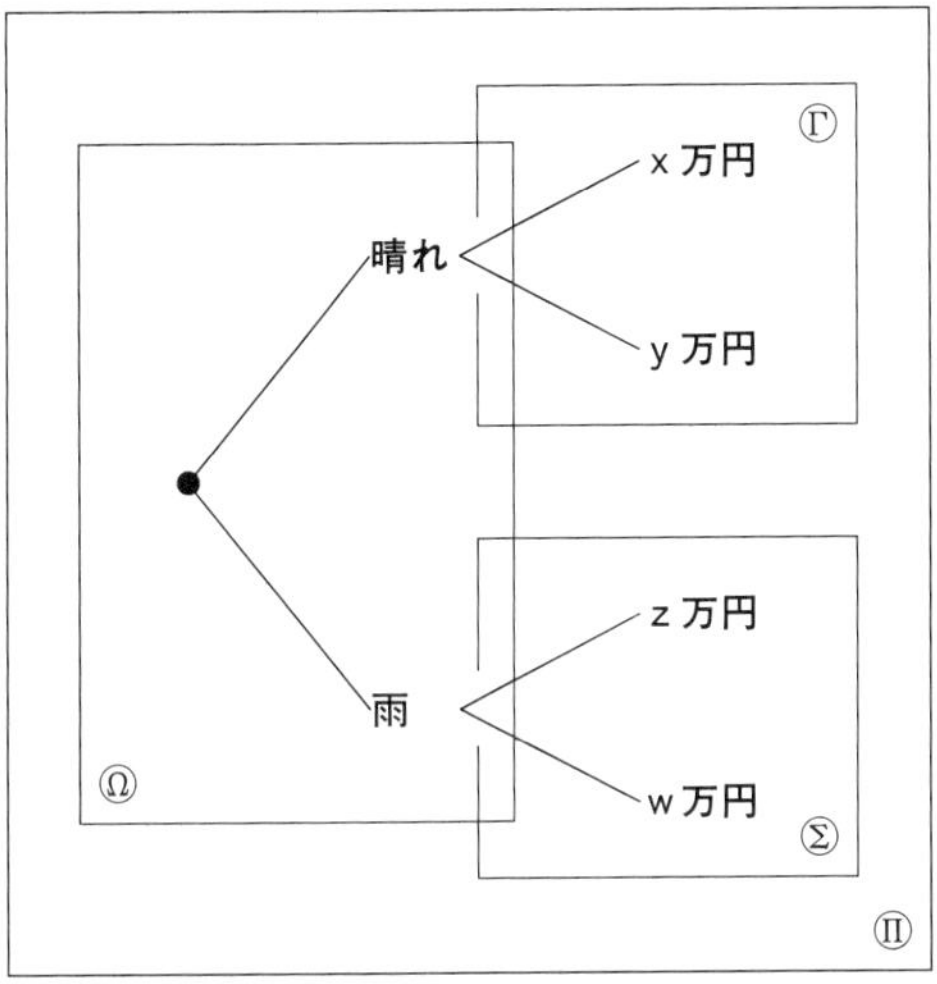

図2－1　展開型不確実性モデル

図2－1のようになります。実際問題、アイスクリームの売上は、天候で大幅に限定され、その上でその日の事情に応じて多少が決まると考えられ、このモデルはそんな仕組みを定式化しているわけです。

アイスクリーム屋にとって興味があるのは、売上です。だから、不確実性モデルの全体像であるΠ＝{x, y, z, w}の各ステイトが最終的にどういうオッズで起こるか、を知りたいわけです。これを二段階に分解すると、まずΩ（天候）のいずれかのステイトが決まり、それに応じて、ΓかまたはΣから（その日の事情から）、最終的なステイトが

決まる、というように三つの不確実性モデルをツリー状に接続したものと見なせます。このように、複数の不確実性モデルをツリー状に接続して、一つの大きな不確実性モデルを作ったものを**「展開型不確実性モデル」**と呼ぶことにしましょう。

三つの不確実性モデルのオッズが与えられたとき、それらを接続した展開型不確実性モデルでは、どんなふうにオッズを決めるのが自然でしょうか。具体例で見てみることにします。まず、晴れ、雨のオッズを7：3とします。次に、晴れのときの売上x、yのオッズを4：1、雨のときの売上z、wのオッズを3：2としておきます（図2－2）。

Ω＝{晴れ，雨}	$L(\Omega)$＝7：3
Γ＝{x，y}	$L(\Gamma)$＝4：1
Σ＝{z，w}	$L(\Sigma)$＝3：2

図2－2

三つの部分的な不確実性モデルのオッズから、それらを接続した大きな不確実性モデルのオッズを計算によって決定したいのですが、このとき、最終的な不確実性モデルΠ＝{x, y, z, w}のオッズは図2－3のような式で決めるのがもっとも自然だといえます。重要な着目点になるのは、Ωではステイトである「晴れ」と「雨」というのは、最終モデルであるΠではイベント{x, y}と{z, w}と見なされるべき、ということです。これはこういうふうに考えるとわかります。実際アイスクリーム屋は、過去のある日の天候を知らなくとも、その日の売上を見て、それがxかyなら「晴れ」とわかり、zかwなら雨とわかるのです。つまり、$L(\Omega)$＝7：3というオッズは、Πの中では、イベント{x, y}と{z, w}の確率の比率だと見なしてもいいわけです。

まとめると、図2－3において、①はΓのオッズ、②はΣのオッズ、③はΩのオッズ（そして、

Πにおけるイベントの確率比)、④は「確率を足し合わせると1」ということを表します。これを解けば、Πについてのオッズ(あるいは確率)を得ることができます。

まず、④と③から、P({x,y})=0.7　P({z,w})=0.3となります。次に①から、〇・七という数値を4:1に分ければ、P(x)=0.7×(4/5), P(y)=0.7×(1/5)と決まります。同様にして、P(z)=0.3×(3/5), P(w)=0.3×(2/5)と求められます。これでΠの確率がすべて決まったことになります(もちろん、比をとればそれはオッズL(Π)であるわけです)。

この計算結果を眺めると、四つの不確実性モデル、Ω、Γ、Σ、Πのそれぞれの確率の間に、きれいな計算法則が成立していることを見抜くことができます。

P(x):P(y)=4:1 ——— ①

P(z):P(w)=3:2 ——— ②

P({x,y}):P({z,w})=7:3 ——— ③

P(x)+P(y)+P(z)+P(w)=1 — ④

図2-3

P(x)=0.7×(4/5)における〇・七は、Ωにおける「晴れ」の確率です。五分の四はΓにおける「売上がx」の確率です。したがって、どの標本空間における確率であるかを明記してこれらの関係を表すと、

P(x/Π)=P(晴/Ω)×P(x/Γ)

という関係式が成立しています。ことばでいうなら、

「Ωで晴れが起き、晴れから分岐するΓでxが起きる」ときの確率は、結局、

(晴れの起きる確率)×(晴れが起きた仮想的な世界の中でxが起きる確率)

というふうに、「確率の掛け算」で処理されることがわかったわけです。他

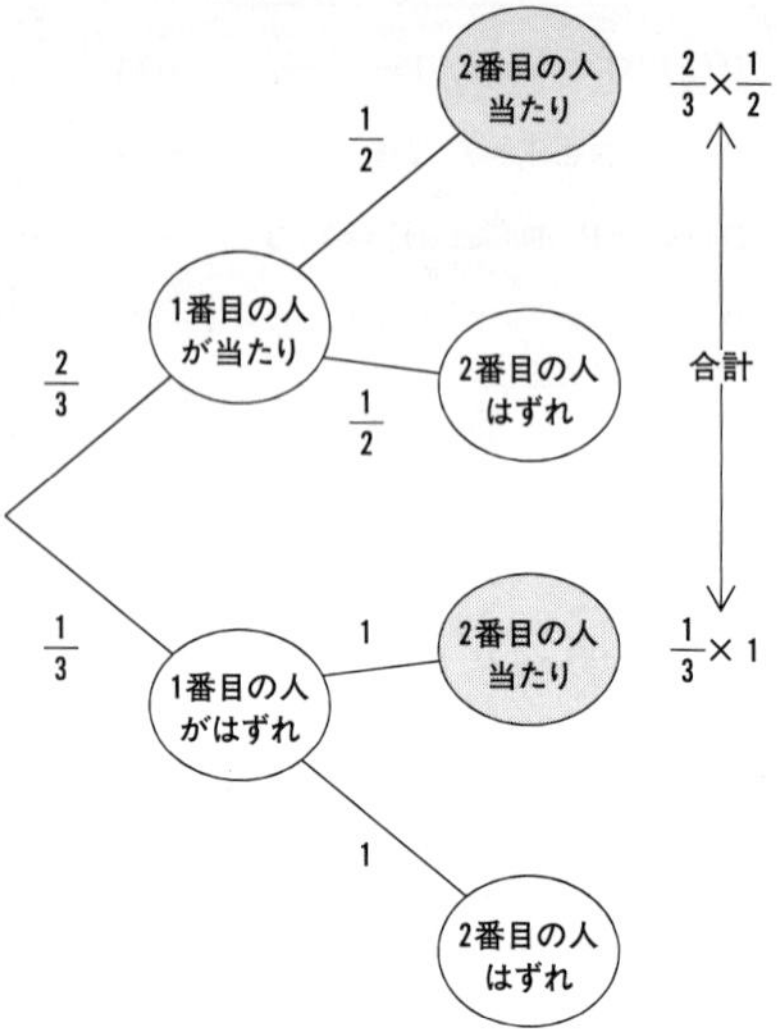

図2－4

の場合も、

$$P(y/\Pi) = P(\text{晴}/\Omega) \times P(y/\Gamma),\ P(z/\Pi) = P(\text{雨}/\Omega) \times P(z/\Sigma),\ P(w/\Pi) = P(\text{雨}/\Omega) \times P(w/\Sigma)$$

が成立することが確認できます。これらの公式を**「確率の乗法公式」**と呼びます。つまり、不確実性モデルが、世界の枝分かれによってツリー状に接続されるときは、最終的な確率はそれまでの部分的なモデルの確率を掛け算でつないでいけばいいわけです。

この「確率の乗法公式」を利用すると、第1章で解説した「クジは引く順番に無関係」という法則が、より自然なプロセスのモデルによって検証できます。前章と同じように三本のクジA、B、CでAとBが当たり、Cがはずれとします。そして、このクジを二人の人が順番に引くことにしましょう。モデルは、最初の人が当たった世界とはずれた世界に分岐します（図2－4）。このツリーを利用して、二番目の人が当たる確率を計算しましょう。まず、「一番目の人が当たって、二番目の人も当たる」確率は、「一番目の人が当たる確率」＝三分の二と、「一番目の人が当たったという仮想的な世界で、二番目の人が当たる確率」＝二分の一を掛けて、

P(1番目が当)×P(2番目が当/1番目が当)=2/3×1/2=1/3

同じように、「一番目の人がはずれて、二番目の人が当たる」確率は、「一番目の人がはずれる確率」=三分の一と、「一番目の人がはずれたという仮想的な世界で、二番目の人が当たる確率」=二分の二=一を掛けて、

P(1番目がはずれ)×P(2番目が当/1番目がはずれ)=1/3×1=1/3

となります。これを合計すれば、「一番目の人がどうであれ、二番目の人が当たる」確率になりますが、それは三分の二となり、一番目の人が当たる確率と同じです。つまり、一番目の人が当たる確率も二番目の人が当たる確率も同じ三分の二なのです。

これなら、第1章でやったような、クジがすべて引かれきった標本空間を作ってそれが対等である、などという不自然な仮定を置かないでも検証できます。実際、二番目の人の当たりはずれは、三番目の人のことを考えずに出ていますから、第1章の方法よりもずっとリアルだという印象をもたらすでしょう。

独立試行でクッキーの売上を予測する

以上を踏まえて、この展開型不確実性モデルの中でもっとも重要な「**独立試行モデル**」と呼ばれるものを解説しましょう。アイスクリーム屋の例を次のように変更します。

さきほどは、Ω={晴れ、雨}のどちらのステイトになるかで、アイスクリームの売上は、xかy

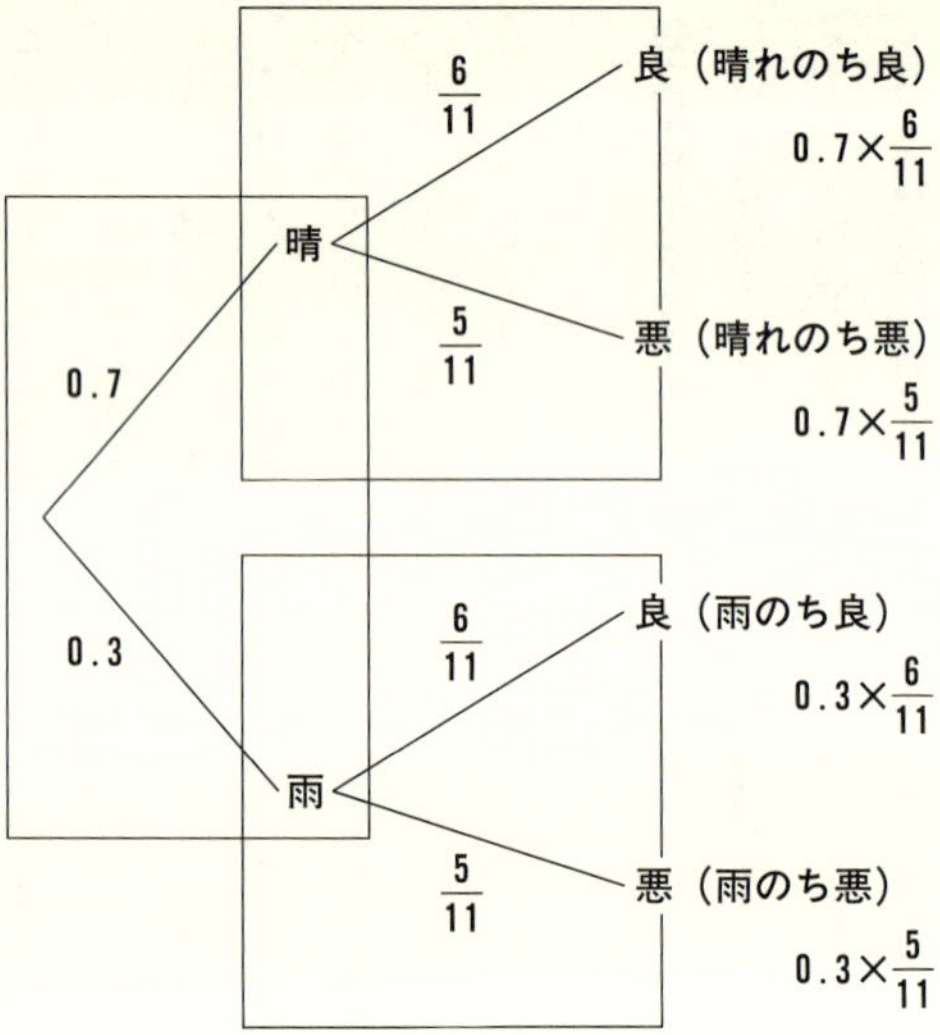

図2－5

となるか、zかwとなるか、という形で異なっていました。今度は、晴れからでも雨からでも、接続されるのは同じΓ＝{良、悪}であるとし、オッズは同じ6：5であるとします（図2－5）。つまり、この例は、クッキーのように天候に売上が左右されない食べ物の売上だと想像してください。このように、最初に注目しているΩのどちらのステイトが起こったにしても、それぞれから接続される標本空間が、ある意味で同一視できるような場合を、「**独立試行**」と呼びます。

　このときは、最終的なモデルΠのステイトは、正しく表現すると、{晴れのち良、晴れのち悪、雨のち良、雨のち悪}と表されます。このとき、「晴れのち良」の確率は、ツリーに乗法公式を用いれば、P(晴れのち良)＝0.7×6/11となります。これは、結局、天候のモデルでの確率P(晴れ)と売上の確率P(良)を掛けているにすぎませんから、何からどう接続しているかを気にしないで、たんにそれぞれのモデルの確率を掛ければいいのだとわかります。これは、Ωのどのステイトから接続されるどの世界も、みんな{良、悪}という同一視できる世界であることに由来する性質です。

以上からわかることですが、不確実性モデルΩと不確実性モデルΓを「独立試行」として接続した展開型モデルΠにおける「Ωでa＆Γでb」の確率は、

P(Ωでa & Γでb)＝P(a/Ω)×P(b/Γ)

と、それぞれのできごとの単純な確率の積として算出されることになります。もっと直感的にいうと、「(天候とクッキーの売上のように) 直接影響を与え合わないようなモデルを接続してできる世界では、a＆bというできごとの確率は、aの確率とbの確率を直接掛ければいい」ということなのです。

非常にややこしい話で失礼しました。しかし、こんな込み入ったことを解説したのには理由があります。実は、確率を見積もる計算では、すぐあとに紹介するフィッシャー流でもベイズ流でも、この乗法公式が本質的だからなのです。また、「大数の法則」が成立するためには、この「独立性」の保証が必要なことが知られているからでもあります。

フィッシャーの統計的推定

以上を踏まえて、確率をどんなふうに見積もるかについて、二つの別種の方法論を紹介していくことにいたしましょう。まずは、現代の統計的推定の標準的方法とされているフィッシャー＆ネイマンの方法です。

簡単な例として、次のようなものを取り上げましょう。今、コインがあるとして、それは本物のコインか、偽物のコインか、いずれかであるとします。偽物のコインは重さにわずかな偏《かたよ》りがあり、投げるとおもてうらの出る確率が五分五分ではなく、おもて六割、うら四割だと想定します。このとき、コインを投げた結果から、コインが本物か偽物かをどのように推定すればいいかを考えることにしましょう。フィッシャーは、次のような方法を創案しました。

とりあえず一〇〇回ほど投げてみましょう。おもてが出た回数が四九回だったとします。このとき、このコインは本物でしょうか、それとも偽物なのでしょうか。

まず、直感的には、次のように判断できるでしょう。もしも本物のコインなら、おもての回数はおよそ五〇回程度となるはずです。そして、偽物のコインなら、おもての回数はおよそ六〇回程度でしょう。ところで実験の結果は四九回でした。これは本物のコインで予想される結果に近いと考えられます。だから、コインは本物のほうだ、と考えるのが妥当です。

この判断を数学的により精緻化してみます。

まず、偽物コインを一〇〇回投げて四九回おもてが出る確率を計算します。たとえば「おもて、うら、うら、おもて、うら、うら……」のようにして四九回おもての出る確率は、さきほどの独立試行の乗法公式から、P(おもて)×P(うら)×P(うら)×P(おもて)×P(うら)×……を計算すれば得られます。これは0.6×0.4×0.4×0.6×0.4×……＝(0.6の49乗)×(0.4の51乗)となり、どんな順序であっても、おもてが四九回なら同じこの数値になります。それに対して、本物のコインだとすれば、一〇〇回投げて四九回おもてが出る確率は、同じように(0.5の49乗)×(0.5の51乗)と得られます。この二つの確率をエクセルなどで実際に計算して比較すると、後者のほうが前者より一〇倍以上大きいことが確認されます。もしもコインが偽物であると仮定すると、本物であるときに対してわずか一〇分の一未満の可能性でしか起こらないできごとが起きた、ということになってしまいます。奇跡によってこういうことが絶対起きないとは断言できませんが、そんな奇跡は考えから排除したほうが無難でしょう。そういうわけで、このコインは本物であるという判断を下すのです。

このフィッシャーの考え方の背後にある思想は、「最尤《さいゆう》思想」と呼ばれます。現実に起きた現象を説明するモデルが複数あるとき、各モデルでその現象が起きる確率を計算し、それがもっとも大きくなるモデルを採用する、あるいは確率が著しく小さいモデルは捨てる、そういう思想です。これは、「現実に起きているできごとは、もっとも起きやすいできごとであると考えるのが妥当」という発想なのです。自然といえば自然だし、どうしてかと悩み出すとキリがない、そんな発想だといえますが、このような推論方法は数学的に優れた性質をもっていることが証明されています。それは十分にたくさんのデータをもって推定するなら、あまりブレずに知りたい値の近似値を得られるということです。これが「統計的推定」と呼ばれる一因でしょう。(一)

結果から原因へ――ベイズ逆確率

フィッシャーの統計的な推定方法が二〇世紀初頭に確立される以前には、トーマス・ベイズという人によって編み出された逆確率による推定が用いられていました。つまり、ベイズ推定というものが、古典だったのです。ところが、フィッシャーらの激烈な批判にさらされ、いったんは主役の座から引きずり降ろされ、フィッシャー流の方法論にとって替わられる憂き目をみたのでした。(2)

発案者のトーマス・ベイズは、一八世紀のスコットランドの牧師でした。そして、「ベイズ法則」という重要な確率公式を発見したのです。それは第1章で解説した、標本空間が情報によって制限された場合の条件付確率を用いるものです。ベイズ逆確率の考え方は、「裁判での推論」によく似ています。まず最初に被告人に対して陪審員は、たとえば「五分五分で犯人」のような適当な先入観をもちます。次に証言によって得られるデータ（情報）によってその先入観を改訂していくのです。逆確率はこのプロセスを数理化したものといえます。

では、逆確率というのがどんな感じのものかを、「オオカミ少年モデル」と呼ばれるタイプのモデルで解説してみましょう。

ある人物が信頼できるかどうかを決定するには、どんなプロセスを踏むのでしょうか。日常的にいえばこうでしょう。その人にまず適当な先入観をもちます。次に、その人の普段の行動を観察し、嘘をついたか、誠実に対応しているか、データを収集します。そして、その経験によって先入観を修正していきます。このプロセスを数字をあげて、丁寧に解説してみましょう。

まず、その人物が「ウソツキ」か「正直」かの二つのステイトを設定します。Ω＝{ウソツキ、正直}です。次に、それぞれのステイトについて、「嘘をつく確率」を設定します。ここでは、「ウソツキ」なら「本当のことを〇・二の確率でいい、〇・八の確率で嘘をつく」とします（モデルΓにあたる）。また「正直」なら「本当のことを〇・九の確率でいい、〇・一の確率で嘘をつく」とします（モデルΣにあたる）。そして、現実にその人物のある言動をチェックしてみます。今、この人が一回嘘をついたとしましょう。こういう状況のもとで、その人物がどの程度「ウソツキ」かを計算するのです。

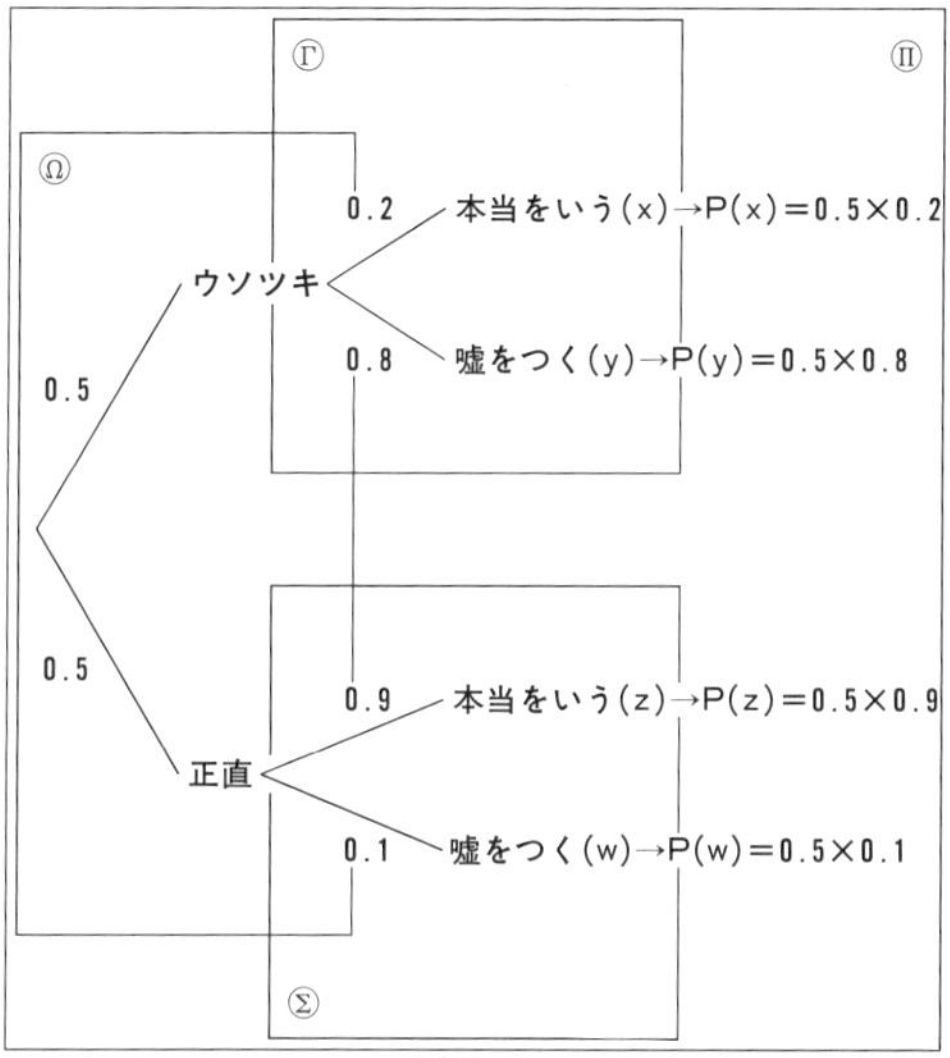

図2－6

まず、Ωについて適当に初期の「先入観」を作っておきます。その人物について何も情報がないのですから、「ウソツキ」と「正直」のオッズを1：1に設定するしかないでしょう。確率でいうなら、P(ウソツキ/Ω)＝0.5　P(正直/Ω)＝0.5となります。つぎにそれぞれのステイトに標本空間{本当をいう、嘘をつく}を接続します。「ウソツキ」から接続するものをΓ、「正直」から接続するのをΣとするのです。図2－6がそれです。この展開型モデルΠは四つのステイトからなります。x「ウソツキかつ本当をいう」、y「ウソツキかつ嘘をつく」、z「正直

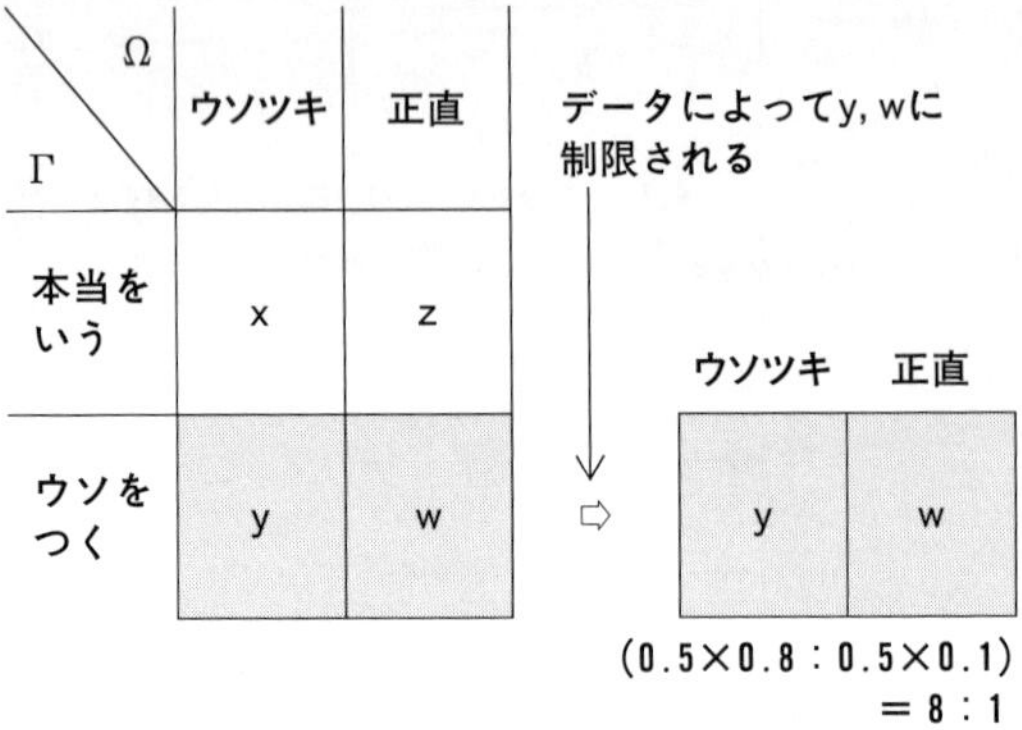

図2−7

かつ本当をいう」、w「正直かつ嘘をつく」です。

このΠの四つのステイトについて、(モデルΠでの)それぞれの起きる確率は乗法公式によって求められます。それは、

$P(x)=0.5\times0.2$　$P(y)=0.5\times0.8$　$P(z)=0.5\times0.9$

$P(w)=0.5\times0.1$

となります。ここで、この人物が「一回嘘をついた」という情報が入手されましたから、条件付確率によって確率を変化させることができます。図2-7を見てください。「その人物が嘘をついた」を観測したことによって、ステイトはyとwに制限されることになりました。これが新しい標本空間[Π/(嘘をついた)]={y, w}です。このとき、オッズは、

L(Π/(嘘をついた))＝0.5×0.8：0.5×0.1＝8：1

となります。したがって、各ステイトの条件付確率は、

P(y/(嘘をついた))＝8/9　P(w/(嘘をついた))＝1/9

となります。ところで、図から明白ですが、嘘をついていることがわかっているステイトy、wへの制限は、「ウソツキ」、「正直」の区別だけを表していると考えられます。したがって右の結果は、「嘘をついたことを観測したとき、その人物がウソツキである」確率九分の八、「嘘をついたことを

観測したとき、その人物が正直である」確率が九分の一であることを表していることになるのです。記号で書くなら、

P(ウソツキ/(嘘をついた))＝8/9　P(正直/(嘘をついた))＝1/9

ということです。

以上のプロセスによって、その人物が一回嘘をついたことを確認したことから、その人物がウソツキである可能性をどう見積もるべきか、その方法論を得ることができました。このプロセスをベイズ推定といい、得られた九分の八と九分の一を「**ベイズ逆確率**」といいます。逆確率ということばの意味は、「ウソツキで、嘘をいう」という確率P(嘘をつく/ウ)が、「原因から結果へ」（ウソツキだから嘘をつく）という普通の形式であるのに対して、求められた確率P(ウソツキ/(嘘をついた))は、「結果から原因へ」（嘘をついたからウソツキだ）という普通とは逆の推定になっているからです。

もう一度読み直していただけるとわかると思いますが、ベイズ推定は実に不思議な方法論です。まず、最初の標本空間Ω＝{ウソツキ、正直}というのが奇抜です。ウソツキ、正直というのは、「不確実性の源」を表す、いわば「モデルの違い」なのに、それを平気で「不確実現象の結果」であるべきステイトとして扱っています。しかも、そのステイトのオッズについて、当初は１：１といういいかげんな数値を「先入観」として勝手に割り当てています。これだけでもかなり恣意的《しいてき》、便宜的と感じられることでしょう。その上で不確実性モデルの接続を行い、情報による標本空間の

制限から条件付確率を算出しているわけですから、いったい何に拠《よ》ってたっているのか意味不明だという方がいるのは当然だと思います。実際、この恣意性がフィッシャーたちの激烈な批判にさらされることとなったのでした。

ガン罹患率をベイズ推定で計算すると……

実感をつかんでいただくために、もう一つ日常的な例をあげておきましょう。「ガン検診」についてのベイズ逆推定です。

今仮に、あるガン検診の方法があって、ガンの人は〇・九五の確率でガン陽性と診断され、健康な人がガン陽性と誤診される確率は〇・〇五だとします。つまり、どちらにしても的中率九五％の検査ということです。また、現実のガンの罹患率《りかんりつ》を仮に〇・〇〇五だとしておきましょう。このとき、この検診の結果「ガン陽性である」という診断が出たら、あなたは自分のガンの可能性をどの程度と疑うべきでしょうか。

さきほどと同じように図によって逆確率を解いていきましょう。図2－8を見てください。展開型モデルは四つのステイトx「ガンで陽性」、y「ガンで陰性」、z「健康で陽性」、w「健康で陰性」からなります。それぞれの確率は乗法公式から、0.005×0.95, 0.005×0.05, 0.995×0.05, 0.995×0.95と求められます。ここで、実際に陽性と出たことから、ステイトはxかzにしぼられますので、そのオッズは0.005×0.95：0.995×0.05＝19：199となります。したがってあなたは、この結果から自分が現実にガンである確率は19/218＝約0.09、つまり九％程度と見積もればいいことになります。

この結果が表しているのは、ベイズ推定を使うと、九五％の有効性のある検査で陽性でも思ったより現実の罹患率は高くない、ということです。けれども数字の見方によっては違う立場もありえます。検査をする前には、自分のガン罹患率を自然罹患率の○・五％程度だと考えてしかるべきでしょうから、それが検査結果によって九％となり、約一八倍に跳ね上がったわけで、かなり危《き》惧《ぐ》すべし、と見てもよいのです。

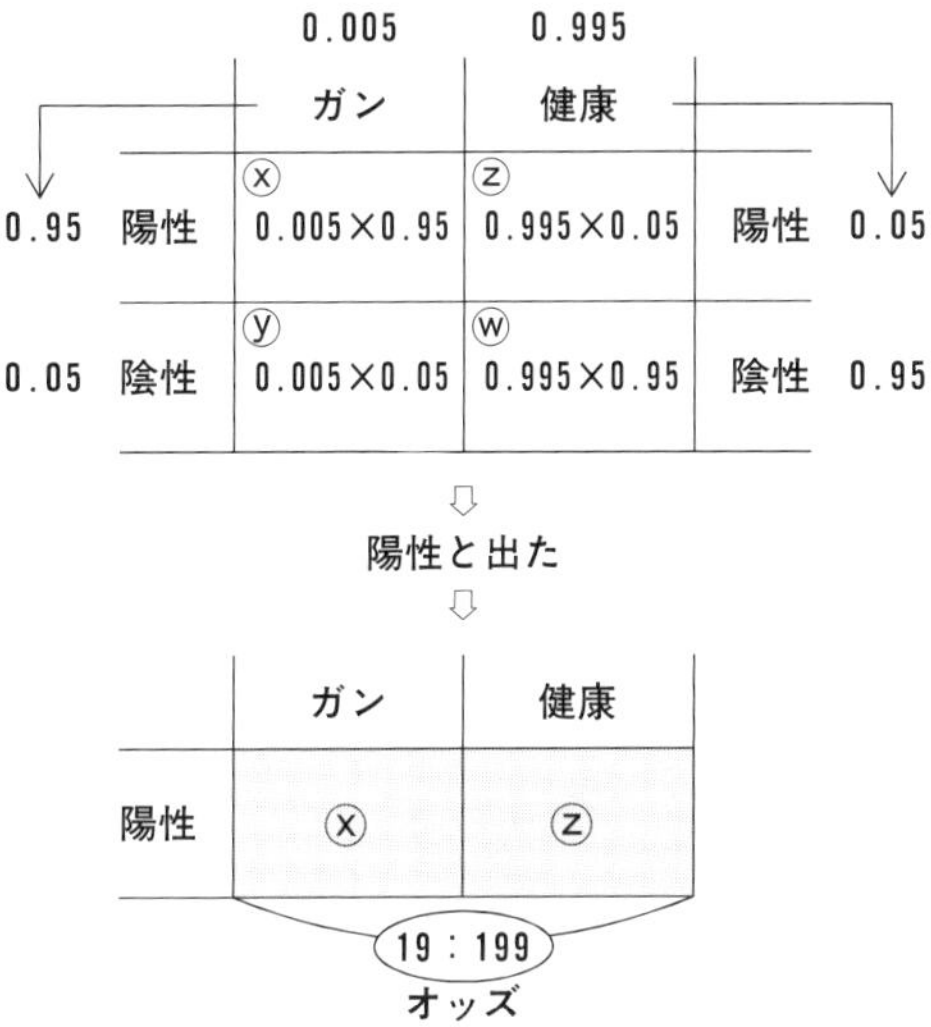

	0.005	0.995		
	ガン	健康		
0.95 陽性	ⓧ 0.005×0.95	ⓩ 0.995×0.05	陽性	0.05
0.05 陰性	ⓨ 0.005×0.05	ⓦ 0.995×0.95	陰性	0.95

陽性と出た

	ガン	健康
陽性	ⓧ	ⓩ

図２−８

ここで、フィッシャー流との違いをはっきりさせるために、偽物コインの例をベイズ推定で解いてみることにします。

コインが偽物である、ということと、本物である、ということをそれぞれステイトにして、F（falseの略）、T（trueの略）と記して、Ω＝{F, T}という標本空間を作ります（ここがフィッシャー流と大きく違うところです。フィッシャーではFからスタートするモデルとTからスター

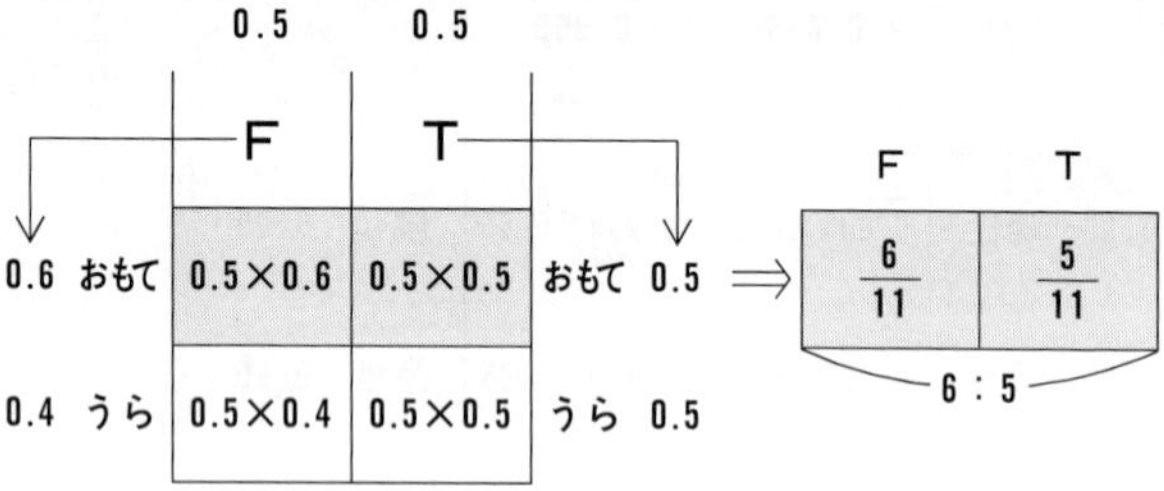

図2－9

トするモデルを分けているのです）。次に、このモデルに標本空間｛おもて、うら｝を接続して展開型モデル

Π＝｛F&おもて, F&うら, T&おもて, T&うら｝

を作りましょう。偽物である確率P(F)と本物である確率P(T)については何もわからないので、とりあえず、公平にP(F)＝P(T)＝0.5と割り振っておきます。このようにすると、Πに対する確率は、今までと同様、次のようになります（図2－9）。

P(F&おもて)＝0.5×0.6, P(F&うら)＝0.5×0.4

P(T&おもて)＝0.5×0.5, P(T&うら)＝0.5×0.5

ここで今、「一回コインを投げたらおもてだった」という情報が得られたとしましょう。そうすると、標本空間は情報付きモデルとして、

Π/(1回目おもて)＝｛F&おもて, T&おもて｝

とステイトが二つに限定されることになります。このオッズは0.5×0.6：0.5×0.5＝6：5となります。したがって、情報を得たあとでの条件付確率はそれぞれ一一分の六と一一分の五と計算されます。これらはそれぞれ、「おもてが出た」という情報を得たあとでのF、Tの確率だと見なせます。すなわち、

P(F/1回目おもて)＝6/11　P(T/1回目おもて)＝5/11

というのが結論です。

右の数字から、偽物である可能性がデータを得たことで五分五分から六対五へと、やや上昇していることがおわかりになるでしょう。これは、「データの入手によって、偽物か本物かに関する推測が改定（アップデート）された」ことを表しているわけです。

頻度主義vsベイズ主義

このベイズ法則を使った推定方式が、いったん葬りさられる憂き目にあってしまったのはなぜでしょうか。それは、この方式の前提に、見すごすことのできない恣意性が働いているからに他なりません。

そのもっとも重要なものは、さきにも述べたように、ウソツキと正直、ガンと健康、偽物と本物というそもそも「不確実性の原因の違い」であるものを、あたかもステイトであるかのように扱って、標本空間としてしまうことに対する抵抗感です。世界はどちらかに事前に決まっているのであって、それがあたかも「これから決まる」とするのはいきすぎな感が否めません。その上、この標本空間に対して最初に「適当なオッズ」を割り当てるのも、あまりにいいかげんに感じられます。こんな作業のどこに科学性があるのか、そういう批判を免れるのは難しかったのでしょう。

このような批判から、ベイズ推定はいったん市民権を失うはめになりました。ところが驚くべきことに、一九五〇年代のレオナルド・J・サベージの研究を皮切りに、復権への道が切り開かれていったのです。サベージは、不確実性というものは、そもそも主観的なもの、心理的なものだと、ひらきなおりました。そして、頻度主義の立場とは土台の異なる新しい公理系によって、不確実性モデルを特徴づけたのです（ここで公理系とは、ある理論を導くための前提の集まりのことです。一例が一九五ページに提示されています）。サベージの公理系では、むしろ、情報を「知識」として取り扱うベイズ法則（条件付確率）の世界のほうが自然だと捉えられます。その結果、二〇世紀後半には遂に、経済学で並行してベイズ主義の研究が推し進められていきました。その結果、二〇世紀後半には遂に、ベイズ主義が主流の座を奪還するにいたったのでした。

ではなぜ、多くの学者がベイズ主義に与《くみ》することになったのでしょうか。

まず、フィッシャーの頻度主義的な推定理論では、さきほど見たように、非常にたくさんの観測のあとでしか結論を下すことができません。これは、フィッシャーが従事していた農業の品種改良のイノベーションという場面では、また、そのあとに生産部門の主流になっていくフォーディズムにおける工業製品の大量生産という場面では、妥当性のある方法論であったでしょう。けれども、そのようなマス生産という環境が、決して普遍的なものとはいえないのは当然のことです。多くの現象は、少数回しか生起しません。経済環境や政治的事態は、歴史という形式の中で、個別に進行していくのが一般的です。とりわけ二〇世紀後半、豊かな先進国の消費者たちは、個性を求め、また環境問題にも敏感になりました。このような社会に対しては、マス生産の論理はもはやあてはまらない感があります。

対してベイズ推定では、今見たように、たった一回の試行の結果をも活《い》かして推定値を求めることが可能です。ある人物が一回嘘をついたことで、人はこの人物への印象を変えます。ガン検診で陽性が一回出ると、もはやガンである可能性は自然罹患率と同じとは思えなくなります。そして、コインが一回おもてを出すと、このコインが「おもての出やすいいかさまコインではないか」という多少の胸騒ぎを覚えるでしょう。ベイズ推定はこのような人々の心情をそれなりに表現できる推定方法なのです。その数値は、もちろん鵜呑《うの》みにはできません。それは事前分布といういいかげんな「先入観」を出発点にしているのだからしかたありません。しかし、あくまで当座の暫定的《ざんていてき》数値として受け入れる分にはそれなりの判断基準を与えてくれるものです。これはフィッシャーの方法論では、逆立ちしても出てこないものです。わたしたちは現実には、一度も体験していない行動に対しても、それなりの予想をたてて、参加不参加を決めたりしています。そういう意味では、ベイズ推定のほうがわたしたちの日常的な意思決定の方式に近いといえるのではないでしょうか。

ベイズ推定の二つの利点

それに加えて、ベイズ推定はさまざまな操作性の良さをもっています。たとえば次の二つの利点が、理論家だけではなく、エンジニアたちにもベイズ推定を受け入れやすくしました。

第一の利点は、多数回の試行のあとで行ったベイズ推定は正確に真実を見つけ出す、ということです。つまり、多数回試行するならフィッシャー流と変わりない結論を下せるわけです。そして第二は、繰り返してベイズ推定を行う場合、いちいち今までの情報をすべて洗い直して計算するのではなく、最新の情報だけでアップデートすれば結果的に同じ数値を導ける、という利便性です。この性質は「**逐次**《ちくじ》**合理性**」と呼ばれています。この二つのことをコインの例を使って、説明してみることにしましょう。

まず、コインを二回続けて投げて、二回ともおもてであったら、推定結果がどうなるかを求めることにします。「偽物のコインからおもて、おもて、と出る」確率は、乗法公式から、

P(F&おもて&おもて)＝0.5×0.6×0.6＝0.18

となります。一方、「本物のコインからおもて、おもて、と出る」確率は、

P(T&おもて&おもて)＝0.5×0.5×0.5＝0.125

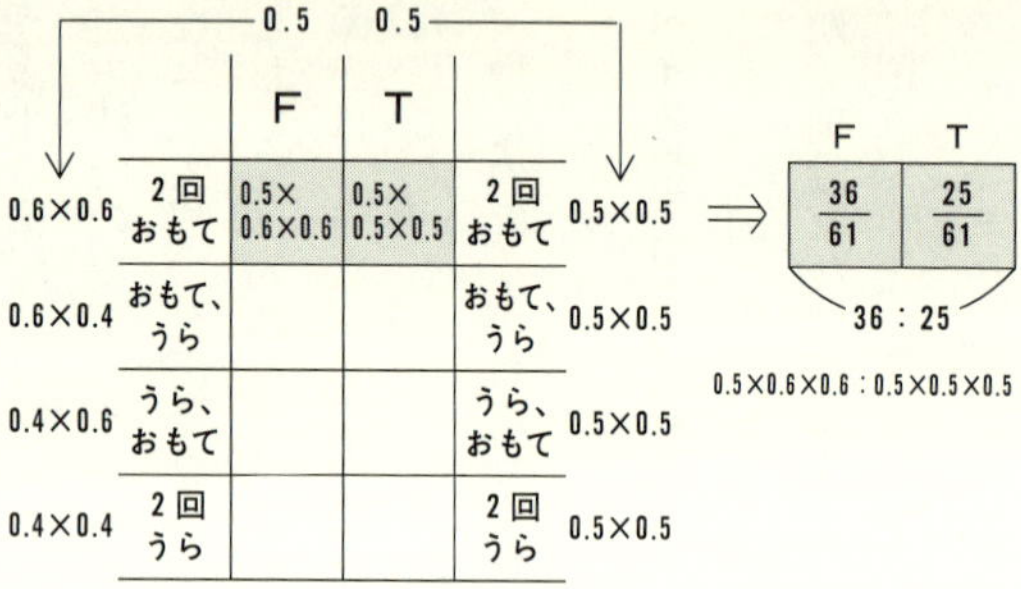

図2－10

となります（図2－10）。この比をとると、オッズは0.18：0.125＝36：25となりますから、二回続けておもてが出たときに、コインが偽物である、という推定値は、

P(F/おもて&おもて)＝36/61

となるわけです。コインを投げないうちの推定値は0.5、一回おもてが出たときの推定値は6/11＝

約0.55、二回おもてが出たときの推定値は36/61＝約0.59ですから、だんだん偽物コインだと疑う心情に傾いているのが見て取れます。

おもしろいのはここからです。一回目におもてが出たことで、偽物コイン、本物のコインであるという先入観を6：5に変更し、そして一回おもてが出たというデータを忘れてしまったとしましょう。このとき、二回目におもてが出たのを観測したあなたは、「6：5という先入観のオッズから、おもてを観測した」として、先入観の改定をすることになります。それをやったのが、図2－11です。おもてが出た上でのオッズの比は、(6/11)×0.6：(5/11)×0.5ですが、これは簡単にすると36：25となります。つまり、この方式でもさきほどと同じ推定値にたどりつくことになるわけです。

これが何を意味しているのかというと、最初の先入観からデータ二つによってアップデートされた推定値と、データ一つからまず推定値をアップデートし、その推定値を次のデータからアップデートしても、結局は同じ結果になる、という性質を表しているわけです。これこそがベイズ推定の備えている「逐次合理性」という優れものの性質なのです。この性質のおかげでベイズ推定を使って何かを制御するときには、データが加わるたびに全データを洗い直す必要は

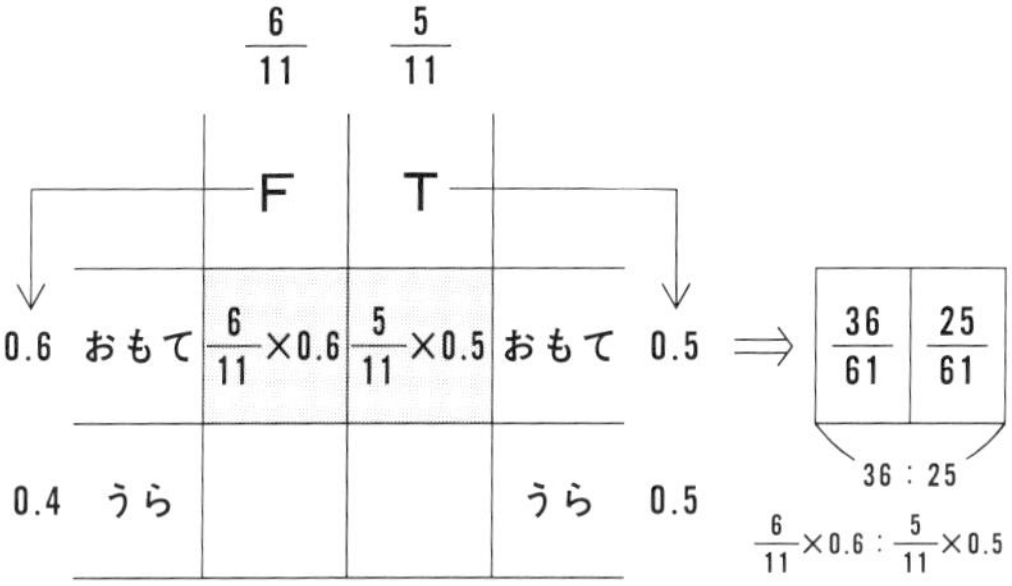

図2－11

	F	T
データD	0.5×[0.6×0.4×0.6×0.6×0.5×…] ‖ $0.5(0.6)^{60}\times(0.4)^{40}$	0.5×[0.5×0.5×…] ‖ $0.5(0.5)^{60}\times(0.5)^{40}$
	7.5	1

図2-12

なく、現在の推定値を新しいデータだけから改訂すればいいので、臨機応変に対応できるのです。

さて、もっともっとコインを投げ続け、一〇〇回投げたとしてみましょう。このとき、ベイズ推定はどんな数値になっていると考えられるでしょうか。ここでは仮に「コインは現実には偽物であった」として話を進めます。このとき、大数の法則によって、約六〇回はおもてになることが期待できます。するとデータはたとえば「おもて、うら、おもて、おもて、うら……」（このデータをDと書くことにします）のような形で約六〇回のおもてと約四〇回のうらになるでしょう。このとき、「偽物コインからこのデータDが得られる確率」P(F&D)は、0.5×(0.6の60乗)×(0.4の40乗)となります。同じように「本物のコインからこのデータDが得られる確率」P(T&D)は、0.5×(0.5の60乗)×(0.5の40乗)です。この比が、コインが偽物か本物かのオッズP(F/D)：P(T/D)を表しますが、これはだいたい15：2となるのです（図2-12）。つまり、このデータのもとでコインが偽物であるという逆確率は、P(F/D)＝15/17＝約0.88です。この段階ではほぼ九割がたの信念で、コインは偽物であるという結論を出していることが期待できるわけです。このように、ベイズ推定でも、十分なデータのもとで推定を行えば、真実をさぐり当てることが可能です。もしもコインが本当は偽物であるなら、最初にどんな先入観（ただし０：１ではない）を割り当てていようと、多数回の観測でデータを収集すれば、大数の法則が働き、最初のいいかげんな割り当てをはねのけ、偽物である逆確率をほぼ一〇〇％と算出するに至ります。

ベイズ推定がビジネスチャンスに結びつく

以上のようなベイズ推定の操作性の良さは、エンジニアたちによって高く評価され、現実のテクノロジーに利用されてきました。たとえば、ファクシミリの映像送信をクリアにするためにこの法則が使われています。映像データをファックス送信すると、ノイズの混入のために、信号がぶれて不鮮明になります。そのぶれをベイズ逆確率によって修正し、正しい映像に近づけるわけです。さまざまなノイズの除去法の中で、もっとも単純で低コストな方法なのです。また、ウィンドウズのヘルプ機能にもベイズ推定が導入されています。マイクロソフト社は、ユーザーからの故障の問い合わせとその故障の原因とを頻度としてストックし、それをもとに問い合わせという「結果」から原因である故障個所の逆確率を計算しておきます。その確率が大きい原因を優先的にヘルプ機能が呼び出すようなプログラムがなされているのだそうです。

このようなベイズ逆確率の利用法は、ビジネスにも大きな効果をもつ可能性を秘めています。たとえば、ネットショッピングでは、時々刻々と消費者からさまざまな問い合わせや購入希望が入ってきます。それをデータとして頻度処理してベイズ推定を利用すれば、「問い合わせ」という「結果」から「購買意欲」という「原因」にさかのぼる推定が可能になります。これこそ生産者が喉から手が出るほど欲しい「消費者の動向」に他ならないでしょう。つまり、ベイズ推定は、ビジネスチャンスの源といえるのです。

その証拠にビル・ゲイツは、マイクロソフト社の二一世紀の戦略としてベイズ推定を目玉にすることを表明しました。そして、世界中からベイズ推定の専門家をヘッドハンティングして集め、一大プロジェクトチームを結成しているそうです。日本でも、富士通がそれに追従するような研究プロジェクトを立ち上げています。二一世紀のベンチャービジネスはベイズ花盛りになる可能性が大です。

第3章　リスクの商い

おまえは英語教師で　どこかの国のSPY
俺は資本主義の豚で　無い物を売り歩く
忌野清志朗（RCサクセション「不思議」）

世の中は、不確実性に満ちています。そして、その不確実性を人々はときには厭《いと》い、ときにはチャンスだと思います。そのような人々の確率的な感性を利用した商いが、現代社会には存立しています。ギャンブルしかり、保険しかり、金融しかりです。この章では、これらの「リスクの商い」がどんな原理のもとに成立しているのか、そして、そもそもその背後にある人々の意思決定の仕組みはどんなものなのかを解説しましょう。

期待値基準

不確実性を伴う現象に直面したときには、どのような行動を選んだらよいでしょうか。たとえば、クジの賞金と確率と参加料金を知ったとき、クジを購入するかどうかをどう決定すべきなのでしょうか。あるいは、限られた資金で競馬に参加するとき、どんな馬券をどんな配分で購入したらよいのでしょうか。はたまた、正反対の政策を表明している二つの政党のどちらに投票するべきでしょうか。これらの決定に、どんな指標や基準を使うべきかについて順を追って考えていくことにします。

まず、クジの二者択一を見てみましょう（以下、クジA、B、C、D、E、Fの参加料は無料としておきます）。あなたならどちらのクジに参加しますか？

クジA　確率〇・五で二万円を得る
クジB　確率〇・五で三万円を得る

結論はいうまでもありません。確率が同じなのだから、当然、賞金の高いクジBを選ぶでしょう。同じように次も簡単です。

クジC　確率〇・五で二万円を得る
クジD　確率〇・三で二万円を得る

同じ賞金なのだから、確率の高いクジCのほうを誰もが選ぶことでしょう。問題なのは、次のような場合です。

クジE　確率〇・五で五万円、確率〇・五で二万円を得る
クジF　確率〇・三で八万円、確率〇・七で一万円を得る

Eがいいか Fがいいかアンケートを取ると、人それぞれの答えになることが予想されます。これを判断する基準としてもっとも古典的かつ基本的なものが、**「期待値基準」**と呼ばれる考え方なのです。どうするかというと、まず、

（得られる賞金）×（その賞金を得る確率）の合計

を計算します。この数値を**「賞金の期待値」**といいます。そして二つの期待値を比較して、大きいほうを選ぶのです。やってみましょう。

クジEの賞金の期待値＝5×0.5＋2×0.5＝3.5万円

クジFの賞金の期待値＝8×0.3＋1×0.7＝3.1万円

期待値はクジEのほうが大きいので、「クジEを選ぶべき」という結論になります。つまり、賞金の金額を起こりやすさに比例する重みをつけて平均する方法で、これを「加重平均」といいます。このような期待値基準は、一七～一八世紀の数学者たちによって提唱されました。

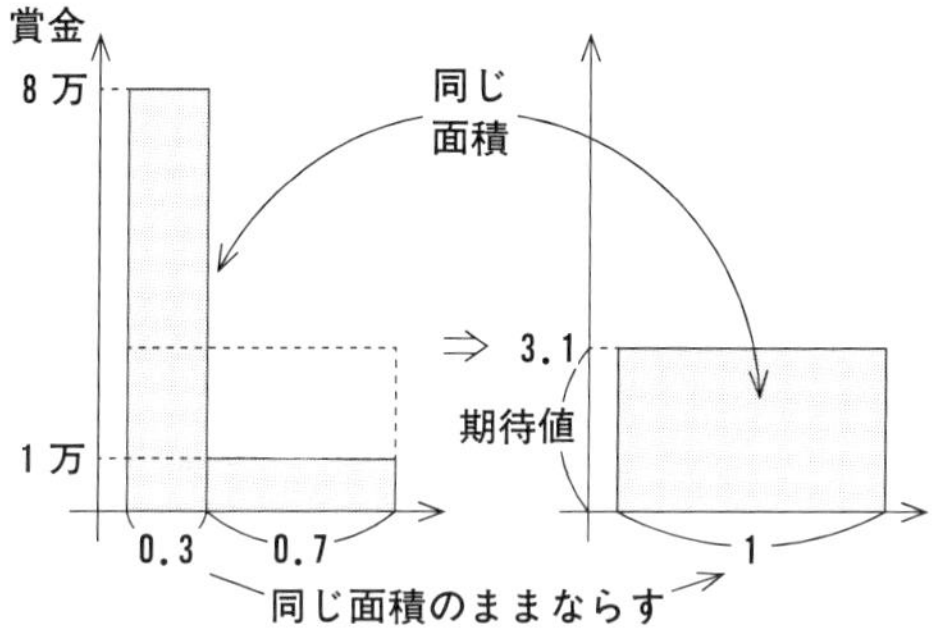

図3－1

期待値というものを図示すると、図3－1のようになります。長方形の面積の合計が期待値を表しています。期待値を直接作図して知るには、二つの長方形の面積をならして、一つの長方形で同じ面積を作ったときの高さを測ればいいのです（確率を全部足

し合わせると1になるので、底辺は必ず1になるからです)。

数学者たちは、この基準を採用するべき根拠を「大数の法則」に求めました。たとえば、このクジFに一〇〇〇回参加したとしたら、「大数の法則」によって八万円をほぼ三〇〇回得て、一万円をほぼ七〇〇回得ることになります。このときの賞金獲得総額は、8×300＋1×700万円となります。これをクジ一回平均に直すと、一〇〇〇で割った値、すなわち8×0.3＋1×0.7となります。これこそ期待値の計算そのものではないですか。つまり、クジFに多数回参加したときの賞金獲得総額を、仮想的に毎回毎回均等割りで受け取ったとした場合の金額、それが期待値なのです。八万円と一万円がどんな順序で生起してくるかは特定することができないにしても、毎回三・一万円ずつ受け取ると考えれば合計するとほとんどズレがない、そういうことです。

また、期待値の計算は、賭け率としてのオッズからも正当化できます。たとえば、チームAとBの勝負に対して、二〇〇人がAに、一〇〇人がBに、それぞれ一口一〇〇円で賭けているとしましょう。このとき、当てたほうにはずしたほうの賭け金が口数に応じて分配されるので、Aに賭けた人が当てれば半口分の五〇円を、Bに賭けた人が当てれば二口分の二〇〇円を得ます。そこで、Aに賭けた人は確率三分の二で五〇円を得て、確率三分の一で一〇〇円を失いますから、収益の期待値は、50×2/3＋(－100)×1/3＝0となります。同様にBに賭けた人の期待値もゼロです。つまり、賭け率としてのオッズが正しいなら、どちらに賭ける人も期待値の意味では公平だということになるのです。

人は期待値基準に背く

数学者たちの編み出した古典的な「期待値基準」は、「大数の法則」の力を借りるなら、非常にもっともらしい基準に思えます。ところが、人々がこの基準に必ずしもしたがっていないという証拠がいろいろと存在しているので、世の中おもしろいのです。

その証拠としてまずあげられるのがギャンブルです。たとえば、競馬では一〇〇円の馬券に対して、賞金額の期待値は七五円となります。なぜなら、競馬の賭け金のうち二五％は、開催費および国庫納付となり、残る七五％が賞金として分配されるからです。一枚当たり一〇〇円で販売された馬券に対し、賞金は販売総額の七五％ですから、これを仮にすべての馬券に均等に配当すると一枚当たり七五円となります。これは、すべての馬券の当たる確率が同等だと考えて、賞金総額を販売総枚数で割った値と一致します。つまり均等配当額の七五円は、期待値と一致します。そうすると、馬券を買っている人たちは、「平均的に七五円もらえるクジに一〇〇円を払って参加している」ことになり、期待値基準に背《そむ》いて行動していることになります。

競馬に限らずどんなギャンブルも、主催者が上前をはねた残りを配当として分配するわけですから、賞金の期待値は必ず賭け金より小さくなります（賭け金全額を賭け率通りに分配してこそはじめて、期待値がゼロになる）。つまり、いかなるギャンブルに参加する人も、期待値基準にしたがっていないのは明らかなことなのです。競馬やパチンコなんかやらない、という人でも宝くじくらい買ったことはあるでしょう。宝くじの賞金の期待値は、実は競馬やパチンコよりもっと低くて、一〇〇円あたり四五円前後です。期待値という視点では、宝くじの購入は競馬や競輪よりももっと不合理な行動といえるわけです。

では、宝くじや福引を含めあらゆるギャンブルに参加していないからといって、期待値基準にしたがう合理的な人間だといえるでしょうか。胸を張るのは時期尚早です。そんな人でも保険の一つや二つには加入しているはずでしょう。実は、保険の加入も期待値基準に背く行動の一例なのです。たとえば、火災保険を考えてみましょう。仮に年間一万件に一件が火災に遭《あ》い、一〇〇〇万円の損害を被るとします。このとき、保険会社は一件当たり年間二〇〇〇円の保険料で火災保険を契約するとしましょう。すると保険会社は一万件に対して二〇〇〇万円の売上が見込めます。この一万件の中の一件が平均として火災に遭い、その損害の一〇〇〇万円を補償すると、残る一〇〇〇万円が保険会社の収益となります。ところで、一件当たりの火災による損害の期待値は、一〇〇〇万円×一万分の一を計算して一〇〇〇円です。それに対して二〇〇〇円の保険料を払って保険に加入するのは、期待値基準に背いた行動といえます（期待値は、負の利益、つまり損害に対しても適用されます。この場合、期待値基準というのは、損失の期待値が小さいような行動を選ぶことを意味します）。このことは、どんな保険に対しても同じです。保険会社は一件当たりx円を保険料として集金し、そこから会社の運営費用をまかない、残りを保険金として被害者に払うのですから、仮に一件当たり同額還付するとして試算した値（期待値）が、必ず保険料xを下回るのは明らかなことだからです。

このように、わたしたちは日常的にクジやギャンブルや保険に参加していますから、数学者たちが推奨する「期待値基準」に背いて暮らしているのだ、といってていいわけです。

ノイマン＆モルゲンシュテルンの期待効用基準

以上のように、人々の経済行動には、「期待値基準」では説明しきれない部分があることがわかりました。そこで新しい説明方法を考え出したのが、フォン・ノイマンとオスカー・モルゲンシュテルンです。

彼らは一九四四年に『ゲーム理論と経済行動』という本を出版し、ゲーム理論というまったく新しい数学理論を構築するとともに、人々の経済行動を規定する、不確実性下の意思決定をどう記述するかを提案しました。(3) それが「**期待効用基準**」です。その目的のために彼らは、選好理論という経済学独自の方法論を援用したのでした。

「選好理論」というのは、人は「内面的な好みの順位にしたがって物を買う」という考え方によって消費行動を定式化する方法です。いくつかの前提を仮定すれば、次のように消費行動を描写できるのです。それは、「適切な関数が個人個人の内面に存在していて、その関数の数値が一番大きくなるような消費配分を選ぶ」というものです。このような関数を「**効用関数**」といいます。これは、消費量をインプットするとそれが与える気持ちよさを計算してくれる計算機のようなものです。たとえば、同じ予算でご飯と肉を消費するのに、「ご飯二〇〇グラム、肉一〇〇グラム」がいいか、

「ご飯一五〇グラム、肉一二〇グラム」がいいかを決定するとき、内面的な関数に（200, 100）と（150, 120）をインプットします。このとき、前者では「三〇ぐらい嬉しい」という数値がはじき出され、後者では「四〇くらい嬉しい」とはじき出された場合は、後者を選択するというわけです。このような効用関数は、個人個人の内面にそれぞれ固有に存在していると考えられます。

話を先に進めましょう。ノイマン&モルゲンシュテルンは、選好理論の方法論にならって、人々が次のような基準にしたがって行動を選択していることを証明しました。

個人個人の内面には、クジへの好みを表現する関数uが存在していて、u(利益の値)×(その利益を得る確率）の和が最大になるような行動を選ぶ

このような基準を期待効用基準と呼びます。見てわかる通り、期待値基準との違いは、関数uが入っているところです。関数uは、賭けによる利益がもたらす「嬉しさ」や「幸福」や「刺激」などの内面的な満足感を代表することのできる関数です（uはutility(効用）の略語)。つまり彼らは、賭けの成果の良し悪しを判断するときには、「利益に確率を直接掛けた加重平均」で比較するのではなく、「利益をいったん内面的な関数を通して個人的な量に変換してから加重平均」して比較すべし、としたわけです。

たとえば、確率〇・五で四〇〇円、確率〇・五で一〇〇円を得られるクジがあって、三〇〇円払えば参加できるとします。賞金の期待値は400×0.5＋100×0.5＝250円ですから、これに参加するのは期待値基準からは整合的でないことになります。ところが今、この人の賞金に関する内面的な

満足を表す関数ｕに賞金額をインプットして、「嬉しさ」としてアウトプットされてくる数値が、たとえば、

$$u(100)=1,\ u(400)=17,\ u(300)=8$$

となっているとしましょう。このとき、この人が「クジに参加するときの期待効用」は、前の二つを平均した9となり、「クジに参加しないとき手元に残る現金の期待効用」である三番目の数値８より大きいので、この人はクジに参加することを選ぶことになるのです。期待効用理論は、このように、人間の内面に存在する利益に対する感受性を関数として導入することによって、期待値では説明できない経済行動を記述することに成功したわけです。

ここで心得ておかねばならないのは、「期待値基準」が数学的な見地から「そう行動するのが正しい」「そう行動したほうがいい」といった「規範的」な意味合いをもっているのに対し、「期待効用基準」のほうは、「そのようにすれば人の行動を説明できる」といった「記述的」な意味合いをもっている、という点です。期待値基準は、大数の法則を基盤とする頻度主義（客観確率）に立脚する考え方ですが、期待効用基準のほうは、人間の内面や心情や信念などを基盤とするベイズ主義（主観確率）に立脚する考え方なのです。

変動を好む性向、嫌う性向

期待効用というのは、大胆にいえば、人間の内面に存在する利益や損失に対する感じ方の「歪《ゆが》

み」を表しています。人は、賞金一〇万円と賞金一〇〇万円には、金額がたんに一〇倍というのとは異なる感覚を覚えるでしょう。また、一万円の損失と一〇〇〇万円の損失には、たんなる一〇〇〇倍というのとは違う恐れを感じるでしょう。人々が内面に抱えている感じ方の歪みが、人々を期待値基準に背く行動に駆り立てる、として定式化したのが、この理論の特徴なのです。

ギャンブルの場合、賞金の期待値は賭け金を必ず下回ります。それでも人がギャンブルに参加するのは、「賞金の内面的な評価値」が「賭け金の内面的な評価値」を上回るからです。このような性向を「**リスク愛好的**」といいます。

リスク愛好的な行動を取るギャンブラーのことを、もう一度期待値の観点から見直してみましょう。たとえば、競馬場に来た人がみな一〇〇円の馬券を買ったとします。この人たちに還付される金額は、もしも馬券それぞれに均等に配当されるなら七五円です。「一〇〇円払えば七五円を売ります」、などといっても、買う人は誰もいません。にもかかわらず、この人たちが馬券を買うのは、「確実な手元の一〇〇円」よりも、「ゼロかもしれないが、二〇〇円かもしれないし、一〇〇〇円かもしれない」という「可能性（標本空間）の拡大」を好んでいるからといえます。つまり、一〇〇円は手元にある限り何の変哲もなく退屈な一〇〇円にすぎませんが、馬券に変えた場合、平均としては二五円の損失になっても、大きな「変動」を付与されることになります。この「変動」化を引き起こす代償として、ギャンブラーたちは期待値との差額二五円を支払っていると考えるのが、背後にある「思想」なのです。このように、リスク愛好的な性向とはすなわち、「確実よりも変動を好む性向」のことです。

続いて、保険のことを考えてみましょう。さきほどの例で火災保険に加入した一万人の人々は、それぞれ二〇〇〇円の加入料を払っています。ところで、保険金として還付される金額は、仮に一件一件に均等に配当すれば一〇〇〇円です。それにもかかわらず、彼らが保険に加入する理由は、こうです。

保険に入れば二〇〇〇円という確定した安価な額を失うだけのことで、もう火災による損失という変動にさらされずに済む。しかし加入しなかった場合、火災に遭わず出費ゼロという可能性も大きいが、火災に遭って一〇〇〇万を失うという巨大な損失の可能性も無視できない、そういう変動にさらされ続ける。つまり、保険加入者たちは、変動を好むギャンブラーたちとは逆に、（負の）

変動を嫌い、期待値の意味では損である経済行動を自ら進んでとっているわけです。このような、「変動を嫌う性向」を「**リスク回避的**」といいます。リスク回避的な性向をもつ人々は、損失の期待値よりも大きな対価を支払って、変動を避けようとするのです。

変動の取引――ギャンブルから固定給与制まで

このように人々の内面の中には、期待値をものさしに測れば、ある意味で「歪み」があるといえます。このとき、このような歪みを利用して儲けようという業種が出てくるのが、世の中のたくましいところなのです。

その最たる例はギャンブル場です。ギャンブルは人を過熱させ、破滅に追い込む危なさももっていますが、上手にコントロールすればたやすく収益を生み出す「打ち出の小槌《こづち》」にもなります。競馬場に来た「集団」は、一〇〇億円の総賭け金のうち七五億円しか還付されなくとも、文句をいわないどころか、かえって喜んでくれます。「集団」を「個人」に置き換えると、これはありえないことでしょうが、「集団」の場合にはこれが可能になるのです。「集団」は「標本空間の拡大＝変動」を引き起こせるからです。この性向は胴元にとってみればまさに、タナボタ、濡れ手に粟、といえるでしょう。胴元がやっているのは、一様に集めたお金の一部を非常に大きなムラをもって返却する、ということだけなのです。このように、公営ギャンブルというのは、懐具合に「変動」を生み出したいという人々のリスク愛好的な性向を利用して、公的資金を稼ぎ出しています。最近の石原都知事の東京カジノ構想も、この「打ち出の小槌」を利用して財政難を解決しようというアイデアに他なりません。

身近なところでは、これは雑誌の懸賞などでも利用される手法です。懸賞にクジの要素をもち込むことで、さして大きなコストをかけないで、消費者の購買意欲をかきたてることができるのです。最近では、これをリサイクルに利用している地方自治体もあるようです。缶やペットボトルを持ってきた人に、一定金額ではなくクジを渡すのです。還付金に変動をわざともたらして、回収コストを節約する政策だといえるでしょう。

保険が成立する背景には、人々の内面的歪みの利用だけでなく、もう一つ秘密の仕組みがあります。それは「大数の法則」の利用です。火災が、たとえば一万分の一の確率で起きる場合、一万件程度の人々が結託して相互扶助として火災見舞金制度を作ったとしても、そこには大きなリスクが残ります。それというのは、もしも火災が一件ではなく、偶然二件、三件起こったら、見舞金を互助会の会費から補償することは不可能になるからです。加入件数が少ないと、大数の法則にはあずかることができず、火災が確率通りでなく予想より多く起こってしまう可能性が少なくないのです。

けれども保険会社が、一〇〇万件や一〇〇〇万件の契約を取ると、そこには大数の法則が働き、出費額はほぼ予想通りになると想定できます。これこそ大数の法則のご利益です。このように保険制度というのは、たんに人々の変動を嫌う性質を逆手《さかて》に取って稼ぐというだけのものではなく、「個人の不確実性」を「集団の確実性」に変質させる営為だといえるわけで、ある種の「公益性」

をもっていると考えられます。

「変動」を取引するのは、何もギャンブルや保険という極端なものに限られたことではなく、ごく日常的に営まれています。一般の企業における「固定給与」のことを考えてみましょう。会社の業績は景気やライバル会社との競争に依存して決まります。したがって、売上は不確実に変動するのが一般的です。にもかかわらず、多くの会社で従業員に対して固定給与制度を採用しているのはどうしてでしょうか。それは従業員と経営者の間の変動に対する態度の違いを反映したものだと考えるのが自然でしょう。

従業員はリスク回避的性向が強く、収入の期待値が同じなら変動給与より安定した収入のほうを望むと考えられます。たとえば、五分五分の確率で一〇〇万円かゼロ万円か、という給与と、固定給四〇万円、というのでは、多くの従業員が固定給のほうを望むでしょう。期待値は前者が五〇万円ですから、平均的には前者のほうが高額であるにもかかわらず、従業員は後者を選ぶものなのです。それは「変動を嫌う」性向のゆえです。一方経営者は、従業員よりも多少変動に対して寛容なので、売上の変動はすべて経営者が引き受けることになります。すると平均的な差額の一〇万円は経営者の懐に収まる算段になるのです。つまり、業績低迷のあおりはすべて引き受けるかわりに、好成績の甘い蜜のほとんどを経営者がもっていく、そういう構図になっていると考えられます。

従業員よりも経営者のほうがリスク回避の性向が小さいことは、資産格差で説明されるのが一般的です。従業員の多くは、蓄《たくわ》えがさほど大きくないため、収入の変動は生活を直撃します。彼らがそれを避けたいと思うのは不思議ではありません。それに対して経営者のほうは、そもそも資産家だったり、多角経営していたりするために、収入の変動には蓄えを取り崩すなどして対応でき、変動に強い性向をもっていると考えられます。これが、会社における固定給与の背後に潜む社会性なのです。このように現代の経済学では、固定給与性は、資本家と労働者の対立関係からではなく、変動に対する内面的な歪みの差異によって説明されるのが一般的です(4)。

リスクとチャンス

人々の変動に関する態度の違いを利用した商いは、前世紀から、金融の分野で非常にさかんになりました。

まず、先物取引をあげることができます。先物取引とは、未来の商品の売り買いを現在のうちに確約してしまうことです。たとえば、コーヒー会社は、コーヒー豆を安定的に仕入れたいという必要を感じています。しかし、コーヒー豆の生産量は天候に左右され、為替や産出国である中南米やアフリカなどの政情にも依存し、決して安定的ではありません。そこで、先物取引を利用して、未来のコーヒー豆を確定した額で買っておくのです。

コーヒー会社は予想されるコーヒー豆の価格より多少高く支払ってもかまわないと思って契約をします。これは、コーヒー豆の出来高や価格の変動を嫌い、現在のうちに仕入れの量と価格を確定できるなら、そのための多少の出費は厭わないという、リスク回避的な経済行動です。それに対して、先物でコーヒー豆を売る投機家は、会社が支払う上乗せ分を目当てに、コーヒー豆にまつわる変動を引き受けるわけです。この行為は、「変動を嫌う人」が「変動をさほど嫌わない人」に、有償でリスクを引き取ってもらう取引なのです。

先物取引を発展させたものに、デリバティブ（金融派生商品）があります。これは、さまざまな方法でリスクを取引する仕組みになっています。たとえば、オプション取引では、株価や為替をある一定水準で「売る権利」を売買したりします。「買いポジション」を取った者は、「売りポジション」を取った者に対し、株価がある額より低下したら権利を行使し、契約した額で売却する権利をもちます。そこまで株価が低下しなかった場合は、権利を行使せず流してしまいます。この取引によって、所持している株の大きな評価損を避けることができるわけです。

また、金利スワップなどというものもあります。固定金利と変動金利を交換する取引です。この取引を利用することによってたとえば、金利が将来高くなることを予想しそれを恐れる債務者が、（多少のプレミアムを支払って）金利を固定に変えることが可能になります。このような方法で、大きな変動を回避《ヘッジ》する経済行動を「リスクヘッジ」といいます。

金融派生商品の開発で、社会はリスクという実体のないものを商取引することになりました。世の中には変動を怖がる性向の人がいます。このような人々は、多少の出費をしても、変動をなくし確定的に暮らしたいと望みます。他方には、相対的に変動を嫌わない人もいます。さらには、変動を利用して、稼ごうという人たちもいます。それが投機家です。前者から後者にお金を払い、後者から前者に「確定性」が引き渡される商取引の総体がデリバティブだと理解していいでしょう。

そもそも市場社会は、おのおのが「さほど必要のない所持品を、必要度の高い品物と交換する」ということで営まれます。これは、人々の初期の保有や内面的好み（選好）が異なっていることに依存して行われているわけです。この営みを「リスク」というものにまで拡張したのが、現代の金融市場といっても過言ではないでしょう。

社会全体でリスクヘッジはできない

デリバティブの発展にともなって、その売り口上として、「デリバティブで、リスクを回避することができます」ということがよくいわれていました。一時は、テレビなどを通じて、あたかも「デリバティブは社会全体に公益をもたらす」かのような広報活動もさかんに行われていたようです。後に、デリバティブ絡みで起こった、旧大和銀行ニューヨーク支店における巨額損失や、アメリカの巨大金融機関ＬＴＣＭ（ロングターム・キャピタル・マネージメント）の破綻《はたん》事件などで、「デリバティブは社会悪」といった印象が普及するのを予防するキャンペーンだったのかもしれません。もしかして読者の中に、「デリバティブは公益的」なる誤解をしている方がいるといけないので、経済学者の立場からその考え方に反論をしておきたいと思います。

それは一言でいえば、「デリバティブによってリスクを回避できるのは個人であって、社会ではない」。つまり、「デリバティブは社会からリスクを消してしまうわけではない」ということです。

デリバティブというのは、リスクを売買しているにすぎません。つまり、リスクはお金を出した側からお金をもらって引き受けた側に移動したにすぎません。社会全体でいえば、リスクはそのまま場所を変えて存在しているのです。

リスクの売買は、いわば、「ジョーカーを抜き合うトランプゲーム」のようなものです。このゲームではたしかにジョーカーを自分の手から消すことはできますが、プレーヤー全員の集団で見れば、常に誰かの手にジョーカーが存在しているのです。ジョーカーの枚数は、プレーヤー全体では変わりません。これと同じで、デリバティブによるリスクの売買は、取引によってたんにリスクの所有者を変えていっているにすぎないといえます。社会におけるリスクの総量は、デリバティブによって増えこそすれ、減少することはないと考えてよいでしょう。

資本主義社会とは、高い金を出す気があるなら誰でもたいていのものを手に入れることが保証された社会、と特長づけられますが、同じ意味で、デリバティブの普及した高度金融社会とは、高い金を出す気があるなら誰でもたいていのリスクを他人に渡すことのできる社会、そう規定することができます。もちろんこのことが、わたしたちに便宜をもたらしている面は否定しません。しかし、いろいろな問題点もあります。それは「知らないうちにいつのまにかリスクを背負わされている」という危険性です。

たとえばつい先日、エンロンというアメリカの大企業が破綻したとき、その会社の債券を組み込んだ日本の投資信託を、多くの地方自治体が購入していたことが問題になりました。エンロンなどという、日本人にはそれほどなじみのない米企業の破綻が、めぐりめぐってわたしたちの年金や保険の資金に損害をもたらす構図になっていたのです。金融の高度化した現在、このようなことは日常茶飯事になりつつあります。ぼんやりしていると、世界中のリスクを背負わされてしまう可能性も否めないのです。そして、そのような被害が一般に社会的弱者に集中する歴史を省みると、利便性だけをほめたたえてもいられないでしょう。

第4章　環境のリスクと生命の期待値

when your desire has been found, you'll be running far away
you're telling me it's in the trees, in the trees
it's not, it's not, it's inside me
you're telling me it's on the ground, all ground
it's not, it's inside me
Ned's Atomic Dustbin　(「Grey Cell Green」)

インフォームド・コンセントの落とし穴

確率の考え方を一度理解してしまうと、その実によくできた操作性から、万能のように思ってしまう人が多いようです。それは学者にとりわけ顕著です。しかし、確率の考え方の背後には固有の思想があることを失念してはいけません。たとえば、確率を客観的とする頻度主義と主観的なものとするベイズ主義には大きな隔たりがあり、自分が利用している「確率」がそのいずれであるかを自覚しておくことは大切なことです。

最近、医学で統計がさかんに使われるようになっていますが、竹内啓という統計学者は医学が統計を利用することの危険性を指摘しました。(5) 医学が前提とするのは、人間の体が個人個人違うということであり、だから個人個人に合った医療をやらなくてはなりません。しかし一方、統計は「平均的人間」というものを前提に確率の話をします。ここには大きな溝があると竹内はいい、最近流行りのインフォームド・コンセントについての問題点を明確に指摘します。手術が失敗したとして、成功する確率が九〇％あったがあなたは残念ながら一〇％のほうだった、といっても患者は納得できない、という点です。患者にとって大切なのは、確率ではなく結果のほうだからです。竹内はこのように、インフォームド・コンセントに潜む、確率を用いた責任逃れの危険性を指摘しているわけです。この竹内の論を、筆者が論じている「確率のすり替え」という視点から見てみましょう。

医者が患者に、「あなたの手術は九〇％成功しますが、一〇％の確率で失敗して、死ぬ可能性がありますす」といったとします。この九〇％という成功確率は、発言している医者の側とそれを決断する患者の側では、まったくよってたつところが違うのです。医者にとっては、たんなる統計的数値にすぎません。この医者は何度も同じ手術を行ってきたデータから、九〇％と発言しています。たとえば、一〇〇〇例ほどの手術を行って（あるいは事例報告を調べて）、九〇〇例ぐらいは成功している、という経験を述べているわけです。

しかし、この確率を受け入れる患者の側ではこの数値はまったく別次元のものとなるはずです。

なぜなら、患者にとって自分は一人しかおらず、手術が成功するか失敗して死んでしまうか、その二つに一つだからです。自分のクローンが一〇〇〇人いてそのうちの九〇〇人が助かる、ということでもなければ、自分の体の九〇％の部分が生き残って、残る一〇％が死んでしまう、ということでもないのです。だから、患者の側がこの九〇％という確率から受け取るその意味は、人それぞれのものとなるでしょう。ある人は、「ほぼ成功するが、絶対ではない」という程度に楽観的に受け取るかもしれませんし、また別の人は、「多少の覚悟をして欲しいと医者がいっているのだ」と落胆するかもしれません。このとき患者にとっての確率は、内面的な主観を表現するものとなるのです。このように、医師と患者の間で確率情報が交換されるとき、そこに客観と主観のすり替えが行われます。つまり、決して正確な情報伝達ではないわけです。

このように、世の中で行われる確率情報の伝達や交換では、その基盤が巧妙にすり替わっている場合があり、ここに錯覚や詐術《さじゅつ》が存在しないかを慎重に見きわめることが大切です。

リスクへの感度

医者と患者の例で示したように、あるリスクについて、データが自動的に集積されるような専門職の人間と、そのリスクが具体的に襲いかからんとしている孤立無援の人間とでは、リスクの感度の基盤が異なっていて当然です。専門家にとっては頻度であるものが、リスクの受け入れ側には内面的な恐れや危惧や覚悟であるのですから、頻度から想定される結論と人々の決断とは大きくくずれることが十分ありえます。確率を生起頻度からだいぶずれた実感で人々が捉えている証拠は、いろいろと報告されています。たとえば、多くの人は飛行機事故の危険性を、頻度よりも過大に評価する傾向があることが知られています。乗り物利用者の死亡確率では、自動車のほうが圧倒的に大きいにもかかわらず、飛行機に乗るときのほうに、ずっと大きな恐怖心を抱くわけです。

このような傾向について、心理学者のポール・スロヴィックが非常におもしろい研究報告を発表しました。(6)リスクの重大性を、専門家はたいがい「年間死亡率」で判断し、普通の人は「破滅的になる危険性」「未来世代に対する恐怖」などで判断することが多いという報告です。その証拠として、専門家が危険要因としてランキングしたものが、一位自動車、二位喫煙、三位飲酒、四位ハンドガン、五位外科手術、となっているのに対し、普通の人々の場合は、一位原子力発電所、二位自動車、三位ハンドガン、四位喫煙、五位オートバイとなっていることがあげられます。スロヴィックは、このことをもとに、人々はリスクを評価する基準として、期待値以外に、「恐怖因子（dread risk）」「不可知因子（unknown risk）」を重要な要素と見なしている、と考えました。わたしたちが、そのリスクが恐怖を与えるたぐいのものであるときとか、そのリスクが新しいもので仕組みを論理的によく理解できていないときなどに、より大きい危険性を感じる性向をもつことを、このような造語で表現したようです。

この「恐怖因子」「不可知因子」を基準としてリスクを捉える人々の性向を、不合理なものと見るか、合理的なものとして見るかは、自然科学者と社会科学者で意見の別れるところでしょう。自然科学者は、自分たちが受けた教育のせいか、期待値という基準を信奉するようです。しかし、社会科学者は、期待値を信頼しない人々を不合理だと切って捨てるほどには、期待値に信任を置いていないのが一般的なのです。このことは、前章で詳しく解説しました。

「年間死亡率」という統計は、自分とは縁のないたくさんの人々に起こったことに比例配分を割り当てたものです。つまり、「リスクに見舞われるかもしれない自分」という存在とは隔絶されたものにすぎません。たとえば、飛行機事故の年間死亡率が一〇〇万人の利用者に対して五人であったとしても、わたしのクローンが一〇〇万人いてそのうちの五人が事故に遭うわけでありません。わたしはこの世に一人しか存在せず、そのわたしが飛行機に乗るべきかどうかが問題なのだとしたら、わたしでない一〇〇万人という個々の特性をもった人間のうちの、特殊な五人という人物に起きたことを、一〇〇万分の五という分数にすることと、わたしが飛行機事故に遭遇する可能性の間には、大きな溝があるのです。

ホフマン方式と生命の価値

リスクを期待値によって数値評価する典型的な例を紹介しましょう。それは、人命が事故によって奪われた場合にその価値を測定する「**ホフマン方式**」と呼ばれる計算法です。

たとえば、自動車事故によってある人が死亡したとします。このとき、遺族の損失あるいは社会的損失はどのように計算されるのでしょうか。これは「仮にこの人が生きていたとしたら、稼いだであろう所得」が基準となります。このとき、もちろんこの人は死んでしまったわけですから、生きていたら稼いだ所得というのは、仮想的なものであり不確かなものです。そこで「期待値」を使って計算するわけです。もっとも一般的なのは、この人が平均寿命まで生きたとして、国民の平均的所得を現在価値に割り引くものです（「現在価値」は、経済学や会計学の概念ですが、ここでは本質的ではないので解説を略します）。たとえば、平均寿命を八〇年とし、死亡時年齢が三〇歳ならば、平均余命五〇年に一人当たりのＧＤＰを掛け算し（それを利子率によって割り引いて現在価値に直し）たものが、この人の死亡による損失として計上されるわけです。

このホフマン方式は非常にわかりやすい計算方式ではありますが、リスクの査定に適当かどうかはおおいに問題にあります。まず、経済的金銭的な評価しかなされていないところが問題でしょう。人が生きているとき、その人の価値や尊さはたんに経済的な貢献だけでは表現できません。むしろ経済的な面は非常に小さな一部分でしかないでしょう。遺族は経済的な面を補償されても、その喪失感を埋め合わせることはできません。また、経済的な損失を計算するときに「統計的平均」という期待値が用いられることにどんな根拠があるかも明白ではありません。期待値というのは、たくさんの人がまちまちな所得をもっていてその所得を平等に分配するとしたときの仮想的な数値、あるいは同じ試行に数多く参加して、そこで稼ぐ総所得を一回当たりに仮想的に均等化したときの数値です。しかし、犠牲者本人はこの世にたった一人しかおらず、また人生を再生的に何度も繰り返すことはできません。つまり、大数の法則はここでは何ら意味をもっていないのです。

損失余命とリスク・ベネフィット

　ある経済活動が人命や環境に与える損害やリスクを計量するものとして、そのもっとも単純なホフマン方式には大きな問題があることを指摘しました。この問題に対して、環境工学者の中西準子は『環境リスク論』という本の中で、新しい計量方法を提案しています。[6] いかなる生産も、それが化学物質を利用する限り、環境に負荷を与え、健康に対するリスクを抱えていると考えられます。そのような環境リスクを計量する科学的方法を確立しようという試みであり、高く評価されている研究です。

　中西が重要な立脚点としているのは、「**リスク・ベネフィット**」という考え方です。どんな生産も健康に無害ということがありえないのだから、そのリスクをきちんと評価して、ベネフィット（利益）とリスク（危険性）を比較検討して政策を決めていくべきだ、というわけです。具体的には、そのリスクを受け入れることで得られる利益⊿Bをリスク⊿Rで割り算した⊿B/⊿Rを指標に用いるのです。ここでいうベネフィットとは、リスクを受け入れることで得られる「利便性」、「金銭的収入」、あるいは受け入れない場合の「リスク削減のための資本」、「人手」、「資源」、「エネルギー」、「我慢しなければならない不便さの総量」のことです。

　他方、リスクのほうは「損失余命」という尺度で測られます。損失余命というのは、「その選択によって平均としてどのくらい寿命が縮むか」ということ。つまり「人の死」をエンドポイントとして評価した値で、たとえば次のような例で説明されています。まず、ガンになると平均的に寿命が一〇年近く短くなります。これは患者の死亡統計からわかることです。これをもとにいくつか仮定をたてて、一〇万人に一人がガンになるようなリスクを評価すると、一人平均〇・〇四日、つまり一時間寿命が短縮することに相当する、これが損失余命なのです。もちろん、死亡だけが問題にされているわけではありません。知覚障害などの健康被害は、結果として、人の寿命を縮め、余命の損失に換算されるはずだと考えられています。

中西が環境リスクを計測した一例を取り上げてみましょう。一九七〇年代に第三・四水俣病発生の疑いから、当時カセイソーダ生産の主流の方法であった水銀法が、水銀の漏洩《ろうえい》による汚染防止のために全廃され、イオン交換法と隔膜法《かくまくほう》に政策転換された事例です。中西たちの計算では、日本全国で一年間に二四トンの水銀漏れを減らす目的のために六二四億円の費用がかかったとされていま す。また、妥当な推計方法によって、水銀法の禁止は、日本全国で年間一九人の知覚障害を減少させることに成功したと見積もることができます。この政策転換の費用を、「一人の知覚障害発症リスクを削減するために、三二・八億円を使ったむちゃな支出」とし、水銀法を完全にやめるという政策は正しくなかった、と結論したのです。

中西（および共同研究者たち）のリスク評価は、「物質的な基礎をもち、リスクを自分たちで管理する」ための素地を築こう、という野心的な試みです。彼らは、人の命を数値計算することに対して多くの市民がアレルギーをもつことを十分心得ています。しかし、だとしても、このような基準が必要不可欠だとしているのです。こういう試みに一定の理解を示した上で、筆者は、経済学者として中西の方法を批判したいと思います。

それは一言でいえば、「市場における価格システム」という視点が欠如している、という点です。ある製品が、どのくらい利便性があるか、どのくらい希少であるか、どのくらい有益であるか、それは市場取引によって価格で評価されます。これは経済学者のコンセンサスだといえます。中西はカセイソーダを販売目的で生産するための「生産コスト」を、水銀法とイオン交換法（隔膜法）で比較しているわけですが、そもそもカセイソーダを「市場評価」する観点がどこにもありません。カセイソーダが、市民にとってどのくらい重要な物質であるかは、「どのくらい購買されているか（＝生産されているか）」ではなく、「価格がいくらなら、どの程度購買されるか」によって評価されます。したがって、カセイソーダが、環境を毀損《きそん》したり人の健康に被害を与えたりするという悪影響を及ぼす可能性があるのならば、その不利益の「費用」を上乗せした価格を提示しなければなりません。その価格のもとで消費者がどの程度の購買意欲をもち、その消費をまかなう生産コストがどの程度になるか、といった総合的な市場的判断が必要なのです。

もしもリスクを価格に的確に反映させるなら、そもそもカセイソーダなどいらない、という可能性だって絶対ないとはいえません。それは市場が決めることであって、生産者が決めることでも官庁が決めることでも、ましてや自然科学者が決めることでもありません。中西の論理は、あたかも今生産されている化学物質は必要不可欠だから生産されている、ということが前提になっているようにも読めます。このような錯誤は、自然科学者に多くみられます。彼らは人々が特定の製品を購入している理由を、「必要としているから」と誤解しがちなのですが、経済学的にいうならば、人は「安さの程度に応じて買っている」のです。

需要と供給の観点から環境リスクを評価する

このことをもっとわかりやすい端的な例でお話してみましょう。

原発の是非の問題について、「これだけ電気を享受する生活をしておきながら、原発反対などというのはけしからん」といった考えを表明する人をよく見受けます。このような発言の背後にも、「たくさん使うのはそれだけ必要だから」という典型的な誤解があるのです。繰り返しになりますが、経済学者の立場からいうと、「たくさん使うのは、安いからであって、必ずしも必要だからというわけではない」のです。

今、発電の方法にAとBの二種類があるとしましょう(これはたとえ話であり、別に原発を例に論じるわけではありません)。Aに比べて、Bは発電コストが半分で済みますが、それだけリスクの大きい発電方法とします。つまり、リスクに目をつぶるなら、半分のコストで同じだけの発電量を得られるのです。このとき市民が、リスクを覚悟するから電気代が半分になったほうがいい、と判断したとしましょう。中西のリスク・ベネフィットという基準でいうなら、損失余命の増加分に比較してベネフィットの拡大のほうがそれをカバーするほど大きいと判断したということです。このと

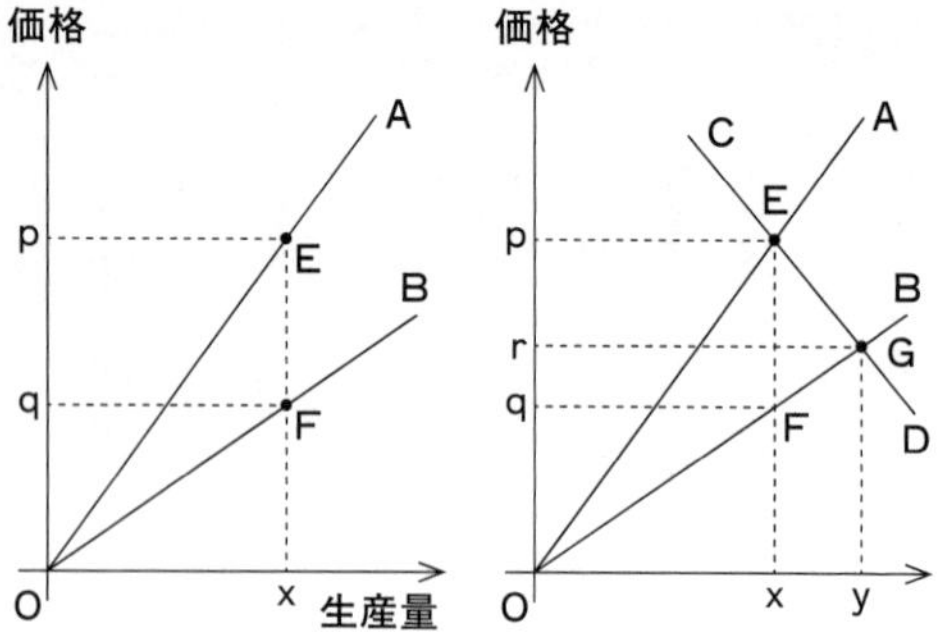

図４－１

き本当に電気代は半分になり、リスク・ベネフィットの数値は大きくなるのでしょうか。そうならないのが、市場経済の難しいところなのです。

図４－１左のように、電気の供給曲線を、発電方法がAの場合をOA、Bの場合をOBとします。右の論理を図の中で単純に表現するなら、使用量xに対して、発電方法Aで価格pを払うより、リスクを覚悟した発電方法Bで価格qのほうがいい、というものです。しかし、この論理には見落としがあります。商品の取引量と価格が、需要曲線と供給曲線の交点に決まる、という原則を忘れているのです。

今、図４－１右のように、需要曲線CDと供給曲線OAの交点Eに取引が決まっている場合の電気使用量をx、電気料金をpとします。ここで、発電方法をBに変更すると、均衡はFでなくGに移転してしまうのです。このとき、使用量はxからyに増加し、価格はpからrに低下します。つまり、過剰消費が起こり、価格は念頭にあったqより大きくなってしまうのです。ですから、リスク・ベネフィットは最初に想定していたものより小さくなるでしょう。つまり、市民がリスクを取ったことは、予定していた帰結をもたらさないのです。第一に、電気の過剰消費が起きます。このとき電気は決して「必要だから」多く使われるのではありません。「安く買えるから」多く使ってしまうにすぎないのです。それればかりではありません。第二に、市民がリスクを取って発電コストをおさえたにもかかわらず、その努力は正確に価格に反映されていません。電気代はリスクの代償であるはずの価格qよりも高騰しています。供給コストが低くなることから、需要超過が生じ、それは価格を押し上げる効果をもつのです。

この例は、市場経済の仕組みを忘れると、どんな過失をおかすかを端的に表したものです。自然科学者の大部分は、どんな財も市場で評価され、生産者と消費者のおもわくの中で取引量や価格が変化することを忘れがちです。自分が目にしている工場やデータや役所の政策が、市場経済という巨大な動学システムの中のほんのわずかなパーツにすぎないことに想像が及んでいないのです。ある政策を評価するときには、市場全体がどんな影響を受けるかを考慮しなければ意味がありません。

東京ドームの中のあなた——損失余命についての思考実験

損失余命という評価基準は、一面では非常に優れたものであると筆者も評価しています。しかし、期待値基準であるからには、この章の冒頭で述べたような、確率の濫用《らんよう》という危惧を払拭《ふっしょく》することができないのも事実です。

リスクをエンドポイントとしての寿命で測ることはまあいいとしましょう。しかし、一人の人物が経験する寿命の短縮を、どうしてリスクに直面する人々の人数に均等化させなければならないの

寿命が8.8時間縮んだおかげで……

でしょうか。そこにある科学性とは何なのでしょうか。

ちょっとした思考実験をしてみましょう。今、東京ドームに四万人の人が集まっていて、読者であるあなたもその中にいると想像してください。さて、ドームのアナウンスによって、「この会場にいる四万人の中の一人が何らかの理由でこれからすぐに死亡することが確実だ」と知らされたとします。このとき、あなたはどんな気分になりますか。

損失余命を計算してみます。死亡する人の寿命が四〇年ほど失われると想定するのは妥当でしょう。四〇年を四万人に均等化すると、一〇〇〇分の一年です。これはだいたい八・八時間にあたります。つまり、平均としては、人生の終わりが午後から午前に変わる、ということです。この寿命の短縮はあなたにとって非常に重大なことでしょうか。

そしてこれは、東京ドームの中にいるあなたに降りかかるかもしれない確実な死の評価として正当でしょうか。筆者には少なくとも同じ評価には思えません。もちろん、「四万人もの人の寿命が全員八・八時間ずつ縮むことはたいへんなことだ」という想像のしかたもあるでしょう。しかしこの見方は、「個人の運命」を描写したものではありません。自分の意思決定はあくまで自分個人だけを問題にするべきだからです。

損失余命が環境リスクの評価として見落としているもう一つの点は、やはり経済システムということです。今、日本のどこかの店のチョコレートに青酸カリを混入させた、という無差別殺人の予告があり、犯人によって何かその確実な根拠が示されていたとしましょう。このとき、あなたはチョコレートを買って食べるでしょうか。少なくとも筆者なら食べません。たしかにチョコレートを食べることのもたらす損失余命は無視できるくらい微小なものかもしれません。しかし、その損失余命は基準としては使えません。なぜなら、筆者はそんなにまでしてチョコレートを食べたいわけではなく、ましてや、チョコレートの代替品はいくらでもあるからです。

経済学では、消費というものは個人の選好から導かれる合理的な最適選択によって行われると想定しています。チョコレートは必要だから食べているわけではなく、多くの代替品の中で価格を反映した適量を購入しているにすぎません。したがって、毒物混入によってリスクが生じた場合、(損失余命はごくわずかであったとしても)その消費の個人的選択点がカタストロフ的にジャンプしてゼロになったって何の不思議もありません。

このことは、臨界事故やダイオキシン問題などのときに見られた農作物の風評被害の問題とも密接に関係しています。たしかに被害を被った何の落ち度もない農業の方々はお気の毒だったと思います。しかし忘れてはならないのは、わたしたちが商品を市場取引の中で消費する場合、代替的選択肢はいくらでもあり、たとえ風評であろうが、疑いがわずかでもある商品を買う義理はどこにもない、ということです。

消費というのは、義務やボランティアや正義感からではなく、たんに自分の欲望を満足させるために行われます。消費行動の自由を妨害する権利は誰にもありません。市場という匿名のシステムを日常的に利用している限り、その恩恵にあずかれる一方で、風評被害という手痛いしっぺ返しを受けることもありうるわけです。環境リスクをある地域が受け入れる場合、損失余命の水準だけではなく、経済機構全体をよく理解し、ほんのわずかなトラブルが商品価格をカタストロフ的に変えてしまうことをきちんと見込んだ上でなければ、それは合理的な選択とはいえないでしょう。

自己責任論が見落としていること

これまでは自然科学者がリスクを査定するときに見落としがちなことについて論じてきました。それは「市場システム」という観点でした。では、経済学者がリスクについてきちんと深く捉えているか、というと、決してそうともいえない現状があるので、言及しておくことにします。

不況下の日本でさかんにキャンペーンされたのが、「市民が率先してリスクを取る社会」であり「自己責任論」でした。その背後には、日本が不況なのは金融分野で欧米に負けたからであって、それはリスクを取ろうとしない国民の態度に由来する、だから市民が自己責任のもとでリスクを取れば経済は浮上する、といった見解があるのです。金融の自由化やペイオフの解禁は、このような発想に裏打ちされているといえます。情報公開によって確率をはっきりさせ、そのもとで競争をすれば、必ずや社会は活気づく、その際もちろん敗者は出るだろうが、競争がフェアなものならそれはしかたのないことであり、自己責任のもとで参加したのだから文句はないはずだ、などと論じられます。

しかし、ここにも典型的な確率の濫用が見られるのです。

まず、自己責任論が成立するためには、三つの前提が必要なことを確認しなければなりません。第一はいうまでもなくルールの公平性ですが、それは社会の一般的知識水準に調和しているものであることが必要です。損失が生じたとき、難しい確率論や法制度や取引システムを盾《たて》にとって、契約時にちゃんと説明したじゃないか、といわれても、普通の市民には納得いかないでしょう。つまり、情報や知識にも公平性が必要なのです。

第二は、効用の完全知、あるいは選好の完全知という前提です。つまり、「自分はこうしたい」ということを各人が熟知した上で取引に参加していなければ意味がない、ということです。ギャンブルは多数回参加していれば、それのもたらす効用が明らかになるでしょう。そういうギャンブルでの損失に不平をいうのは妥当とはいえません。しかし、たとえば、進学や年金や住宅購入といった一生に何度も経験しないような意思決定については、人々は自分の選好を事前に熟知しているとはいえません。そのような意思決定の失敗に対し、お前は好きでやったのだから自己責任だ、というのは確率理論のはき違えだといえます。

そして第三の前提は、個人の情報と知識によって参加を回避できる、という点です。経済社会は複雑に絡み合っていて、自分では認知しえないところで、不測の事態に巻き込まれることもままあります。前章で取り上げたエンロン破綻の余波などがいい例です。そういうことに対して自己責任を押しつけるのは正当とはいえません。たとえば、バブルの崩壊に起因する不況というのは、極言すれば、一部の官庁や中央銀行や金融機関などの行った判断ミスに、国民全員が巻き込まれた結果だということができます。こういう複合的な失敗の帰結として現在不幸に直面している人々に、君たちは自己の責任をもって経済行動に参加して失敗したのだから観念しなさい、というの無責任すぎるというものでしょう。

以上のように、自由主義を過剰にふりかざして自己責任論を主張する経済関係者もまた、本質的な意味では、確率論の濫用をしているといえます。冷静に確率論を省みる必要があるのは、自然科学者だけではありません。

自動車の社会的費用

社会環境の抱えるリスクの評価として、中西たちの方向性とはまったく異なる視点をもった研究がありますので、この章の最後に紹介することにしましょう。経済学者が、経済システムの観点から、リスクを評価した事例です。

自動車が大量生産されるようになって、社会にさまざまな問題を引き起こしました。環境汚染、交通事故による死傷、都市生活条件の悪化、広域犯罪の増加などです。経済学者の宇沢弘文は、これらの状態を憂慮して、『自動車の社会的費用』という本を書きました(7)。これは、自動車利用によって社会に発生している損失を計測しようという試みでした。

ある経済活動が、市場取引を経ないで、第三者や社会全体に対して直接的間接的被害を与えることを「外部不経済」といいます。この外部不経済のうち、発生者が負担していない部分をウイリアム・カップは「**社会的費用**」と名づけました。宇沢の研究は、自動車の社会的費用を計測しようとするものです。

宇沢によれば、宇沢以前の計測としては次の三つが知られていました。第一は、運輸省（当時）による一九六八年の計測で、自動車の社会的費用は一台当たり七万円と発表されました。この結果を不服とした自動車工業会は、独自に計算をし直して一九七一年に一台当たり六六二二円という修正額を報告しました。その後、野村総合研究所は一台当たり一七万八九六〇円という結果を発表しています。これらに対して宇沢は、一台当たり年間二〇〇万円という桁外《けたはず》れの額を試算したのでした。宇沢のものと他の三つとの間にどうしてこのような顕著な差があるのか。それは、試算の発想がまるで違うからです。

まず、運輸省の方法を概観してみましょう。運輸省は、交通施設の整備、自動車事故の損失額、交通警察費、交通思想普及費、道路混雑による損失などを計算し、その合計額の増加分を自動車の増加分で割った値として算出しています。野村総合研究所の報告では、これに排ガスによる環境汚染の費用も計上されている点が特記できます。

　宇沢はこのような算出方法に疑問をもっていました。それは、人の生命や健康という不可逆的に尊いものを金銭換算することへの抵抗感でした。たとえば、交通事故による死亡や損傷のもたらす費用については、ホフマン方式が利用されています。運輸省の用いた計算では、平均寿命を七〇年とし、そこから事故死者の平均年齢三七歳を引き算した、平均的な余命三三年に一人当たりのGDP額を掛け、さらに事故死者数を掛け算したものを用いています。これは、人が自動車によって生命を奪われるということの不条理や遺族の被る人間的な苦痛などとは無縁の計算です。環境の悪化に対しても、同様の問題を抱えています。都市空間の汚れやガンを罹患したときの医療費などは計量されても、そこで本質的に失われているものの評価にはなりません。

　そこで宇沢は、まったく異なった発想から自動車の社会的費用を計上しました。基本に据えられたのは、「自動車の存在によって何が失われているか」、逆にいえば「自動車社会を選択しなければ何が享受できたのか」、という根本的問いかけです。宇沢はそれを、「市民の基本的な権利」としました。都市に生活する市民はみな、健康で快適な生活を享受する権利、自由に街路を歩行する権利、何者にも生命を脅かされない権利をもっています。自動車の存在は、その市民的権利を侵害していると見なすのです。このとき、宇沢はこの侵害された市民的権利を金銭換算しようとはしません。もともと決して失われてはならず法的に保証されているものに、貨幣的価値などを計上するのは原理的に誤っているからです。そこで宇沢は、市民的権利が侵害されないように自動車を利用するには、どの程度の投資が必要であるか、それを試算することにしたわけです。宇沢は、市民的権利が保証されるために最低限度必要なこととして、車道を左右四メートルずつ広げ、歩道と車道を並木によって分離することが必要であることを主張し、これに必要とする費用を一台当たり年間二〇〇万円と計上したのでした。

この計算とその他の試算の根本的違いをおわかりいただけたでしょうか。宇沢は、人間の生命を経済的に計測したり、また、その期待値を計算したりすることを行っていません。環境汚染の被害を、洗濯の費用やガン治療の医療費や植物が枯れた被害額などとは見なしません。なにより宇沢は、「自動車が存在する現状」というものを既成事実として認知していないのです。いかなる理由からも毀損《きそん》されてはならないもの（市民的権利・自由・生命）に、損傷の被害額を計上しません。

宇沢が試算したのは、「仮に自動車がなかったとしたら、市民が享受したであろうものを、自動車が存在する中で回復するには、どのくらいの費用が必要となるか」、そういう計算です。これはある意味では、自動車利用者が犠牲にしているものの正体といっても過言ではありません。宇沢の発想の中には、自然科学者の中には見られない、経済システムの本質とそのメカニズムを外部から鳥瞰《ちょうかん》する姿勢が存在しています。この主張は、いくぶん恣意的な面が指摘されるものの、社会科学の視座ということを理解する非常にいい例であると筆者は思うのです。

実は、この考え方を確率論に応用する論考を、本書の最終章で行いますので、期待してください。

II

確率を社会に活かす

第5章

フランク・ナイトの暗闇

～足して1にならない確率論

confusion will be my epitaph
Pete Sinfield (King Crimson「Epitaph」)

確率理論の新展開

ここからは、本書における「発展編」ということになります。

一七世紀から研究の始まった確率理論は、二〇世紀前半のコルモゴロフの研究でいちおうの完成をみました。これは大数の法則を基盤とした頻度主義の集大成と評価していいものです。それに対して、二〇世紀中盤のサベージから始まったベイズ主義の復権的研究は、ベイジアンと呼ばれる学者たちによって急速に積み上げられていき、その発展は今も続いています。

ベイジアンたちは、大数の法則を根幹に据える規範的な立場にこだわらず、あくまで人間行動の心理的側面を記述することに関心をもっているため、理論の構築にはかなりの自由度が生じます。

それが結果的に、理論に華々《はなばな》しい多様性をもたらしているのです。ベイジアンの確率論の多様性は、人間の心の多様性だといっていいでしょう。

本書では、この第5章と次の第6章において、ベイジアン的確率論における最新の、そして最先端の方法論を、できるだけかみくだいて紹介します。

エルスバーグのパラドックス

不確実性下での人々の行動を説明する方法論は、第3章で解説したように、ノイマン&モルゲンシュテルンの期待効用理論で、大きな飛翔をみることになります。ギャンブルや保険などの経済行動にみられる人間の非期待値型行動は、この期待効用理論で十分な程度の解決を与えられました。それればかりではなく、期待効用は、経済学を中心にさまざまな応用がなされ、不確実性下の意思決定理論に多くの革新をもたらしたといえます。

ところがその後、期待効用理論を実験心理学や実験経済学の分野から検証する作業が進められ、期待効用理論にさえも合致しない人間行動がいくつか報告されるようになったのです。その中の一つに、「**エルスバーグのパラドックス**」と呼ばれるようになったおもしろい現象があります。

数理経済学者のダニエル・エルスバーグは、一九六一年に発表した論文で、次のような実験結果を報告しました[8]。

まず、被験者に次のような二つのつぼI、IIを見せ、こう伝えます。

「つぼⅠには、赤い球が五〇個、黒い球が五〇個の計一〇〇個の球が入っています。つぼⅡには、赤か黒の球が合わせて一〇〇個入っていますが、いずれがいくつ入っているかはわかりません。さて、あなたはどちらかのつぼを選んで、球の色を予言し、目隠しして球を一つだけ取り出します。予言が当たれば、賞金をさしあげます。さて、どちらのつぼを選びますか?」。

読者の皆さんなら、どうするでしょう。つぼⅠにするかつぼⅡにするか、考えてみてください。エルスバーグが実際に行った心理実験の結果は、たぶん多くの読者諸氏の結論と同じだと思いますが、「大多数がつぼⅠを選択する」というものでした。

エルスバーグはもう一つ別の実験もしました。被験者には次のように伝えます。

「このつぼの中には、赤、黒、黄の九〇個の球が入っています。赤は三〇個ですが、黒と黄の球の個数はわかりません。さて、次のA、Bのうち、どちらを選びますか? クジAは、赤を引けば賞金、クジBは黒を引けば賞金。また、次のようなC、Dではどちらを選びますか? クジCは赤または黄を引けば賞金、クジDは黒または黄を引けば賞金」。

読者諸氏もまずは答えましょう。エルスバーグの報告した結果はこうなりました。最初のクジではAが、第二のクジではDが好まれる、というのです。

これらの一連の実験結果は何を示唆しているのでしょうか。それは、期待効用理論に不備があることの実証なのです。つぼⅠ、Ⅱの実験では、主観確率で考える限りどちらのつぼでも色を当てる確率は等しく、五分五分です。したがって、つぼⅠとつぼⅡは被験者にとって優劣はなく、どちらが選ばれても良いはずです。ところが被験者の大部分はつぼIを選んでしまうわけで、これは期待効用理論では説明がつきません。また、三色の球の実験では、どの色を引く主観確率も同一と考えられ、クジAとクジBに区別はなく、クジCとクジDにも区別はないと考えられます。したがって、期待効用理論で選択する限り、これらの賭けはどちらが選ばれてもしかるべきなのですが、やはり現実にははっきりと差がついてしまうわけです。

二つのつぼの実験で、つぼIとつぼIIの違いは何でしょうか。それは、つぼIでは赤、黒を引く確率が二分の一ずつとはっきりわかっていますが、つぼIIではそれがわからない、ということです。同じように、三色の球の実験のほうでは、赤の確率は三分の一とわかるのに対して、黒と黄のそれぞれの確率ははっきりしません。クジCでは確率はわかりませんが、クジDでは黒または黄の確率は三分の二であることがはっきりしているのです。つまり、この実験では、確率がわかっている不確実性とわかっていない不確実性に対して、人々が好みの違いをもっている、ということが明らかになりました。

リスクと不確実性の違い

確率のわかっている環境と確率さえわからない環境の区別を最初に主張したのは、フランク・ナイトという経済学者です。[9] 一九二一年、ナイトは確率計算できる不確実性を「**リスク**」と呼び、「本当の不確実性」とは区別しようとしました。そして、確率が与えられている環境、いうならば

「測定可能なリスク」は、すこしも不確実ではない、と断じたのです。本当の不確実性は、確率さえわからないものであり、したがって過去の生起頻度から割り当てられもしないたぐいのものである、とナイトは考えました。

ナイトの発想はこうです。世界で起きるできごとは、複雑な要因に支配され、決して同一の環境からものごとが生起することはありえない。したがって、（第2章で解説した）独立試行を反復的に行うことによって導かれる大数の法則を後ろ盾にした「数学的確率」は、現実の不確実性を描写してはいない。ナイトはこのような数学的確率（リスク）を「偶然ゲームの必然的確実性」と呼び、現実への有効性を一蹴《いっしゅう》しました。過去のデータから未来を予測することを無意味だとするのも同じ理由からです。

ビジネスの世界で重要になるのは、このような反復的観測ではなく、しばしば「サプライズ（意外性）」であると彼はいいます。実際、「サプライズ」という用語は現代の株式市場でもいまだにキーワードの一つです。確率論や統計理論が足場としている抽象的で空間的ともいえるような「時間」は本質ではないとし、「実時間」といったものを基礎にしなければならないと考えていたのです。

このような考え方は、ケインズの経済学にも通じるものといえます。ケインズは、不確実性に関する推論を「知識を土台とした信念の程度」で捉え、不確実性下の意思決定を頻度的な確率計算ではなく、「AならばB」といった形式の論理演算に属するものと見なそうとしました。時間についても、物理的な時間ではなく、いわば「歴史的な時間」を重要視していたのです。ナイトやケインズの注目していた「不確実性と時間」の観点や「不確実性と論理学」という観点については、第8章と終章で再論することにします。

エルスバーグの実験結果は、ナイトのこの考え方の正当性を証明するものとなりました。人々は、明らかに「確率の与えられた環境」と「確率さえわからないような不確実性」とを嗅《か》ぎ分けます。そして、後者のほうを嫌うのです。このような人間の性向は、**「不確実性回避」**と呼ばれます。第3章で、変動を嫌う性向を「リスク回避」と呼びましたが、それと同じ使い方で、「確率がわからないことを嫌う」ことを「不確実性回避」というわけです。

ナイトの二〇年代の主張は、六〇年代のエルスバーグの実験によって実体的なものとなり、それ以降の一連の研究は、「ナイト流不確実性理論」と呼ばれています。

エルスバーグとペンタゴン・ペーパーズ

すこし寄り道して、エルスバーグという人物の人となりを紹介しておきましょう。[9][10]

ダニエル・エルスバーグは、ハーバード大学で経済学博士号を取ったあと、軍事シンクタンクのランド・コーポレーションに入社し、能力を認められて、国防省にスカウトされました。そして、ジョンソン政権の国防長官であるロバート・マクナマラのもとでアナリストになります。マクナマラは、ベトナム戦争の遂行において決定的な役割を果たした人で、「ベトコン」一人を殺すのにいくらかかるか、という経済概念「キルレーショ」をもち出して物議をかもしたような政治家です。エルスバーグは、このマクナマラのもとでベトナムに赴任し、戦地からランド社に戻り、ベトナムへのアメリカの関与に対して批判の意識を高めていくことになったのです。

一九七一年、彼は七〇〇〇ページに及ぶ機密文書を深夜にすこしずつコピーして持ち出し、ニューヨーク・タイムズに漏洩《ろうえい》します。この通称ペンタゴン・ペーパーズによって、アメリカ軍のベトナムにおける非道ぶりの実体が明らかにされ、ニクソン政権は窮地に追い込まれることになったのでした。司法省は、機密漏洩の罪でエルスバーグを告訴しましたが、七一年に却下され、その後の訴追も、政府側のウォーターゲート事件での盗聴その他の違法行為が明らかになって、最高裁から却下されました。

彼は、その後は、反戦運動に身を投じることになります。二〇〇三年三月のブッシュ政権によるイラク侵攻のときも、政府を痛烈に批判し、「アメリカ政府は核兵器を使用しかねない危険性をはらんでいる」と全世界に警告を発しました。そして、開戦後にホワイトハウス前で開かれたイラク攻撃の抗議集会に参加して逮捕されたのです。

このような反骨の精神が、期待効用理論への反証であるエルスバーグ・パラドックスに結実したといってもいいでしょう。

足して1にならない確率

エルスバーグ・パラドックスによって、不確実性の評価方法を見直さなくてはならなくなりました。客観確率をバックボーンとする期待値でも、主観確率をバックボーンとする期待効用でも、エルスバーグのつぼの実験結果を説明することはできません。このことを不確実性の記号表現を使って考えてみることにしましょう。

つぼIを表す不確実性モデルIは、標本空間ΩI＝{赤、黒}、オッズは1：1です。これは今まで解説してきた普通のモデルと違いはありません。問題はつぼIIを表すモデルIIのほうで、標本空間はΩII＝{赤、黒}と同一なのですが、これに対するオッズがわかっていないわけです。そして、実験結果から、人々はモデルIのほうをモデルIIよりも好む、ということがわかっています。だから、この性向を説明できる数理的な概念を編み出すことが目標となるわけです。

説明の方法論は二つあります。第一は、モデルIIに対するオッズを、赤黒どちらが有利ともいえないのだから、仮に1：1としておいて、そのあと確率を導入するときに細工をして、モデルIとの違いを演出する方法です。そして第二は、オッズがわからない場合は、それを複数想定してみたらどうか、そういう方法論です。どちらも説得力のある考え方なのですが、本項では第一の方法を解説し、項を改めて第二の方法を論じることにしましょう。

まず、モデルIにおけるオッズが1：1であることから、確率はいうまでもなくP(赤)＝0.5、P(黒)＝0.5となります。ここでモデルIIに割り当てる確率を、記号を変えてv(赤)、v(黒)と書くことにしましょう。IIでも赤黒どちらにも優位さはありませんから、$v(\text{赤})=v(\text{黒})$であることは必要でしょう。しかし、実験でつぼIのほうが好まれる、という結果は、つぼIの色のほうがつぼIIの色よりも当てやすい、と人々が感じていることを意味します。だから人々の内面では、$P(\text{赤})>v(\text{赤})$，$P(\text{黒})>v(\text{黒})$という評価が成り立っていなければなりません。

さて、この二つの不等式を加え合わせるとどうなるでしょうか。$P(\text{赤})+P(\text{黒})>v(\text{赤})+v(\text{黒})$から、$0.5+0.5>v(\text{赤})+v(\text{黒})$、すなわち$1>v(\text{赤})+v(\text{黒})$が出てきてしまいます。これは問題です。つぼIIの標本空間に1：1のオッズを割り振り、その上でエルスバーグの結果を説明するには、「確率は足し合わせると1になる」という性質である「加法性」を捨てないといけないわけです。しかし逆に、どうするべきかがはっきりしました。**既存の確率理論から加法性を取り除けば、エルスバーグ・パラドックスは数理的に説明できることがわかったのです。**

モデルIIの標本空間はステイト赤、黒からなるΩII={赤、黒}ですから、構成できるイベントは次の四つになります。

ϕ, {赤}, {黒}, {赤, 黒}

これらの各イベントに対して、オッズが1：1からの$v(\text{赤})=v(\text{黒})$と、$P(\text{赤})>v(\text{赤})$、$P(\text{黒})>v(\text{黒})$から出てくる$0.5>v(\text{赤})$、$0.5>v(\text{黒})$とを保持するように確率を割り振ってみましょう。たとえば、

$$v(\phi)=0,\ v(\text{赤})=0.4,\ v(\text{黒})=0.4,\ v(\{\text{赤},\ \text{黒}\})=1$$

と設定してみます。こうすれば、つぼIをつぼIIより好む性向はうまく説明できます。「つぼIで色を予言したとき当たる確率は〇・五であるが、つぼIIで色を予言した場合は当たる確率は〇・四と思ってしまうから」という説明です。さらには、エルスバーグの実験では行われていませんが、次のような思考実験を追加しても整合的であるとわかります。「つぼIで赤か黒の球を引いたら賞金をもらえる、というのと、つぼIIで赤か黒の球を引いたら賞金をもらえる、というのではどちらがいいか？」。数理的に見てみましょう。つぼIを選べば、賞金をもらえる確率はP({赤, 黒})＝1、つぼIIでも賞金をもらえる確率はv({赤, 黒})＝1、つまりどちらの「つぼでもかまわない」という解答が数理的に得られます。現実にも、この判断が正しいのはいうまでもありません。

この定式化によって、つぼI、IIをめぐる人間心理を明快に説明することには成功しましたが、その代償として、v({赤、黒})とv(赤)＋v(黒)の数値が異なってしまい、確率理論で基本となっていた「加法性」が崩れてしまうことになったのです。このような加法性をもたない確率が、最初に取り扱われたのは、物理学における量子力学においてです。[11]その後、ショケという数学者が静電場の研究に加法性をもたないvを使い、コンデンサー（充電機）に使われる用語にちなんで「**キャパシティ**」と名づけました。ショケ以降、「加法性をもたない確率」をしばしばキャパシティと呼びます。キャパシティ理論は、数学では「非加法的確率理論」と呼ばれる一方、さきに紹介したように、経済学ではナイト流不確実性理論とも呼ばれています。

マルチプル・プライヤー（複数の信念）

次に、エルスバーグの実験結果を解決するもう一つの方法を解説することにしましょう。

標本空間ΩⅡ＝{赤、黒}のオッズに対して、何も客観情報が与えられていないのだから、考えられるだけたくさんのオッズを割り当てたらどうか、そういう発想です。可能性は一〇一通りあります。赤一〇〇個、黒ゼロ個の100：0以下、99：1，98：2，……，1：99、最後は赤ゼロ個で黒一〇〇個の0：100です。するとこれらによって一〇一通りの不確実性モデルが生じます。最初のオッズではP(赤)＝1，P(黒)＝0となり、二番目のオッズではP(赤)＝0.99，P(黒)＝0.01……といった具合です。この一〇一通りの不確実性モデルは、人々の「迷う内面性」を表現している、と考えられます。色の個数について確たる情報がないので、たくさんの可能性をいっぺんに想定するしかなく、心の中には複数の信念が生じてしまっているのです。このような状態を「**マルチプル・プライヤー**」（複数の信念）と呼びます。

このマルチプル・プライヤーを利用すると、エルスバーグ・パラドックスは次のように解決されます。つぼⅡではまず一〇一通りのマルチプル・プライヤーのおのおので期待値を計算して一〇一個の期待値を作ります。赤を予言した場合、最初の確率による期待値は1×1＋0×0＝1、二番目の確率による期待値は1×0.99＋0×0.01＝0.99、以下順に0.98，0.97，……，0.01，0となっていきます。重要なのはこの一〇一個の期待値をどう処理するかです。実は、この中から「最小値」を選ぶのです。つまり、赤を予言した場合の賞金の指標は0ということになります。逆に黒を予言した場合、一〇一個のモデルでの期待値は、順に0, 0.01, 0.02, ……0.99, 1となり、この中から最小値を選べば0ですから、黒を予言した場合の賞金の指標も0ということになります。このように複数の信念から期待値を計算し、そのうちから最小値を取り出した指標を「マルチプル期待値」と呼ぶことにします。つぼIIでは、赤を予言しても黒を予言してもマルチプル期待値は0となりました。

さて、つぼIを選んだ場合はどうでしょう。つぼIはオッズが1：1とわかっていますが、これも一種類の信念からなるマルチプル・プライヤーと考えれば、マルチプル期待値を算出することができます。信念が一つしかないのですから、それが通常の期待値そのものに一致するのは誰でもわかるでしょう。赤を予言したにしても、黒を予言したにしても、当たる確率は〇・五ですから、マルチプル期待値＝普通の期待値＝1×0.5＋0×0.5＝0.5となります。

では、つぼIIとつぼIのマルチプル期待値を比較してみましょう。どちらの色を予言することにしても、つぼIのほうが大きくなります。つまり、「人々は確率の与えられない環境下では、複数の信念、マルチプル・プライヤーをもち、マルチプル期待値が大きいほうの行動を選択している」と解釈すれば、エルスバーグの実験結果を上手に説明することができる、とわかったわけです。

このように、最悪の数値が最大化されるような行動を選ぶ方法を「**マックスミン原理**」(Max-min principle) といいます。マックスミン原理は、わたしたちの日常的な判断とも一致します。仕事で何かのトラブルが生じたときは、最悪の事態を想定して、それでも何とか収《しゅう》拾《しゅう》がつくような対応をするものでしょう。また、災害など緊急時のリスク管理にもこの方法論が用いられるのが一般的です。最悪の被害を想定し、それがもっとも少なくなる（負の利益をゼロに近づけて最大化する）ような政策を施行するのです。

このように、マルチプル・プライヤーにマックスミン原理を組み合わせると、エルスバーグ・パラドックスが期待値（あるいは期待効用）の方法から説明可能になることがわかりました。

不確実性回避とは、どんな行動だろう

以上によって、エルスバーグ・パラドックスを説明する方法が二通り導入されました。説明がすこし数理的な方向に傾いたので、バランスを取るためにここで、すこしことばによる説明を補足してみましょう。

エルスバーグ・パラドックスの意味することは、ナイトの概念を利用するなら、「不確実性をリスクよりも嫌う」ということで、それゆえ「不確実性回避」と名づけられました。ではなぜ人は、確率がわからない環境を、わかっている環境よりも嫌うのでしょうか。確率がわかっても、それは「起こるできごとが自ら選べる」ということではありません。「どのできごとが実際に起きるか」、それは相変わらずわからないままなのです。わかるのは「どの程度起こりやすいか」という比例関係だけです。にもかかわらず、確率確定の状況を好むのは、一つには「情報量」の問題だといえるでしょう。

多くの人は、運命に身を委《ゆだ》ねるのは同じにしても、何らかの情報をもった上で委ねたいと思うの

ではないでしょうか。情報欠如は、人にいろいろな想像を抱かせるでしょう。たとえばつぼIIについて、オッズがない分、確率環境を勝手に多種類想定してしまうのは、自然な行為だといえます。あなただって、友人が待ち合わせ場所に現れず、何の連絡もない場合、友人に起きた事情をいろいろ想像するのが常でしょう。それがマルチプル・プライヤーです。そして、起きたと想像された中で最悪の結果を想定し、最悪事態が起きたとしてもその傷がもっとも浅くなるような行動方針を選択する、というのは十分ありうることではないでしょうか。この最悪の期待値を指標に据えるマックスミン原理は、「情報欠如」をネガティブに受け取る性向の現れと考えていいでしょう。

これとはまったく別の観点から解釈することもできます。それは「意志」の問題だと考えることです。第1章で、人が何の有利不利もないにもかかわらず、「クジを引く順番にこだわる性向」をもっていることを紹介して、それを「意志」の問題として解釈しました。つまり、クジ選択行動とは「自己の意志」を現出させることであり、「自分の運命は自分の意志で決めたい」という性向の現れなのではないか、という説明を試みたわけです。

その同じ観点から不確実性回避を解釈すると、この性向は逆に、「自分の意志で自分の運命を決めることへの自信のなさの現れ」と考えられます。つぼIIでは赤と黒の球の個数がわかりませんから、赤を選ぶということは、「赤のほうは不利でない」という意志の現れを意味すると考えていいでしょう。しかし、赤と決めた瞬間、「赤の球のほうが少ないつぼだったらどうしよう」という不安が頭をよぎるのはありうることです。ここで、「もし赤が不利だというなら、黒のほうが有利なはずだ。だから、黒に賭ければいい」と認識するのが通常の確率の考え方（加法性）です。けれども意志の問題が絡むと話は変わってきます。「赤の球のほうが少ないつぼだったらどうしよう」という疑念が頭をよぎるのは、赤を選ぼうとした「意志」の帰結です。同じように黒に賭けようとすれば、今度は逆に「黒のほうが少なかったらどうしよう」と心配になるのも同じ心理だといえます。

昼休みのパラドックス

このように、赤に賭けようとすると黒の有利が心配になり、黒に賭けようとすると赤の有利が心配になる。したがって、いつでも賭けると決めたほうの可能性が賭けなかった可能性より低く見積もられてしまう、それが不確実性回避の背後にある心理だと解釈することができます。この観点は、キャパシティを利用すると明快に説明できるのです。

たとえばさきほどのv（赤）＝〇・四、v（黒）＝〇・四を考えましょう。ここで重要なのは足して１にならない、ということです。足して１にならないことを、「情報の欠如」と見なすこともできますが、さらに、「意志とは反対のできごとを大きく見積もる」というふうに解釈すれば、今の話とつながります。普通の確率では、赤の確率が〇・四だと思うならそれは、逆のできごとである黒の確率が〇・六であることを意味し、つぼIで予言する（確率〇・五）より有利となるはずです。しかし、キャパシティではv（赤）＝〇・四であっても、その裏側のv（黒）も〇・四です。つまり、「事象の反対側（余事象）」ではなく、「選ばなかった選択」が高く評価されているということです。キャパシティから加法性が除去されていることは、「選択しなかった側のできごとを必ず高めに評価してしまう」性向を表現しているといえるのです。

エルスバーグ・パラドックスが代表する不確実性回避の性向を、キャパシティやマルチプル・プライヤーで説明したのは、経済学者であり数学者でもあるデビッド・シュマイドラーの八〇年代の研究です。シュマイドラーはまず、ショケが導入したキャパシティを利用する説明に成功しました(12)。さらにはアイザック・ギルボアとの共同研究によって、キャパシティ理論とマルチプル・プライヤーにおけるマックスミン原理とが実は同一のものであり、同じことを二つの立場から説明しているにすぎないことを証明したのです(13)。つまり、わたしたちが不確実性回避を扱う場合、人々の背後にある行動原理は、「確率から加法性を抜いたもの」と見ても、「複数のオッズをもっている」と見なしても何の違いもないことが示されたことになります。

それだけではありません。ノイマン&モルゲンシュテルンが期待効用の後ろ盾として作り出した公理系を改良して、不確実性回避のための公理系を与えることにも成功しました。このようにして、不確実性回避をめぐるナイト流不確実性の理論は、重要な数理的理論として広く認知されるようになったのです。そして二一世紀に入った現在も、急速に研究が進んでいます。

株の期待値戦略

ナイトの不確実性は、歴史の浅い分野であるため、現実の経済現象の解析にはまだそれほど応用されていません。そんな中、ジェームズ・ダウとセルジオ・ワーランが一九九二年に発表した資産市場への応用は、画期的な研究として高く評価されています(14)。

株取引の場では、「薄商いで小動き」ということばをときどき見かけます。これは市場に売り手も買い手も少なく、商いが細って、株価がほとんど動かない状態をいいます。これは、たんに投資家の購買意欲が低いということなのでしょうか。実は、経済学者にはそういう簡単な現象には見えないのです。

株の売買というのは、普通の消費行動とは違います。たとえば、ハンバーガーという商品なら、毎日食べ続けていれば、いずれ飽きてきて購買意欲は薄れるでしょう。カラオケも十分やれば、これ以上はもういいや、という気分になってくるでしょう。けれども、株の売買は資産を増やすために行うのです。資産を増やす、つまり金持ちになる、ということに飽き飽きした、なんて人はめったにいないでしょう。そもそもそんなふうに思う人は株式市場になど参入しないものです。そんなわけで、株の売買で購買意欲が薄れるというのは、考えづらいことなのです。

値下がりしそうだから取引に参加しないのではないか、と思われるかもしれませんが、それも間違っています。株は、下降局面でも儲けることができるからです。それには、「空売《から》り」というテクニックを使うのです。これは、株をその所有者から短期的に借りて、売り込み、まもなくして買い戻して、わずかな手数料をつけて所有者に返すことです。このテクニックを使えば、所有していない株を売ることもできます。記憶に新しいところでは、9・11テロの直前に、何者かが株式市場で大量の空売りをしたことがわかっています。これは所有していない株を売っておいて、世界中で株が暴落したあとに買い戻し、大儲けした例で、テロを事前に知っていた人物ではないか、と疑われています。

このように株には、原理的に「いつでも」儲けるチャンスがあります。株が値上がりした場合には、事前に買っておいて、値上がりしてから売却した人が儲けます。逆に、値下がりした場合には、空売りしておいて買い戻した人が儲けるのです。株取引には、いかなる時点でも「必ず儲かる戦略」が存在しています。

もちろん、価格が上がるか下がるか、そしてそれはどの程度なのかは、不確実なことであり、誰も正確に知ることはできません。しかし、このような不確実な現象に対処する技術が、確率論であり期待値の技術であったことを思い出してください。

今、非常に単純化して、あるディーラーが想定している株価格の不確実性モデルの標本空間を、$\Omega=\{u,d\}$、としましょう。ステイトuは上昇（up）したときの価格を、ステイトdが下降（down）したときの価格を表しています。そして、そのオッズをp：(1－p)と見込んでいるとします（足して1になるようになっているので、これはそのまま確率です）。このとき、ディーラーの見積もる株価の期待値Eは、u×p＋d×(1－p)、となります。これは、このディィーラーが平均的な意味で正しいと推測している株価です。さて、このディィーラーは、現実に売買されている株の価格水準が自分の期待値Eより安いなら「買い」の戦略を取ります。平均的にはEの価格になると見込んでいる株がもっと安く買えるのですから、この株を買って高くなったら売れば利益が出るからです。逆に、現実の価格水準がEより高いなら、「空売り」の戦略を取ります。平均的にはもっと値下がりすると推測しているのですから、高いときに売っておいて、安くなって買い戻せば利益が出るわけです。これを当面「**期待値戦略**」と呼びましょう。

当然のことですが、この戦略は「いつでも儲かる」わけではありません。しかし、この戦略をずっと使い続ければ、推測が正しい限りにおいて、長期的には必ず収益をもたらすといえます。大数の法則に裏打ちされているからです。この意味で期待値戦略は合理的な戦略だといえます。とすれば、どんな株価水準でも、「儲かると見込んでいる戦略」が存在するので、いつでも活況な取引がなされてしかるべきでしょう。しかし現実には、「薄商いで小動き」という市況が存在します。どうしてなのでしょうか。

「薄商いで小動き」の心理

ダウ＆ワーランは、不確実性回避の性質を使ってこの現象を説明しました。

わかりやすくするために、不確実性回避の性向をもつディィーラーが、株価の標本空間、Ω＝

{一〇〇円、二〇〇円}、に対して、マルチプル・プライヤーとして二種類のオッズ、4：6と6：4をもっていると想定してみます。すると株価の期待値は、最初のオッズに対しては100×0.4＋200×0.6＝160円、二番目のオッズに対しては100×0.6＋200×0.4＝140円と計算されます。さて、このディーラーが「買い」の戦略を決意したとしましょう。このとき、株価が高くなることが自分にとって有利で、安くなることは不利になります。マルチプル・プライヤーでは悪い事態を指標にすることを思い出してください。すると、このディーラーが指標するべき期待値、マルチプル期待値は、安いほうの一四〇円ということになります。つまり、現在の価格水準が一四〇円よりも安いならディーラーは「買い」を決行します。

逆に「空売り」の戦略を取るのはどんなときでしょうか。空売りのときに有利なのは、株価が安くなることで、不利なのは株価が高くなることです。したがって、「空売り」を決意するディーラにとってのマルチプル期待値は高いほうの一六〇円ということになります。つまり、現在の価格水準が一六〇円より高い場合に限り、ディーラーは「空売り」の戦略を決行することになります。

まとめるとどうなるでしょう。このディーラーは、現在の株価水準が一四〇円より安いか一六〇円より高いなら取引に参加しますが、その間にあるときはどちらの戦略も取らない、ということになります。つまり、一四〇円と一六〇円の間では株取引に参加しないのです。これによって、「薄商いで小動き」という現象が説明されることになりました。ある値幅に現在の株価水準がある場合、不確実性回避をもつディーラーたちが取引に参加せず、商いが細ってしまう、そういうふうにダウ

&ワーランは説明をつけたのでした。

これがエルスバーグ・パラドックスとほとんど同じメカニズムであることを見抜けましたでしょうか。つまりこういうことです。不確実性回避の性向をもつディーラーは、買いの戦略の意志をもつと値下がりの可能性を悪く見積もってしまいます。逆に、売りの戦略の意志をもつと、値上がりの可能性を悪く見積もってしまうのです。そのため、戦略を切り替える境目の値が一致せず、ずれてしまいます。いってみれば、自分の戦略に一抹《いちまつ》の自信のなさがあり、そのためにすこし有利な現在価格がはじき出されない限り、戦略を決行することができないわけです。ディーラーが取引に参加しない一四〇円から一六〇円までの二〇円分の範囲は、株価の動きに対する確率情報の欠如、あるいはリスクから不確実性にはみ出している分が実体化したものと見なすことができるのです。

尻込みする経済

ダウ&ワーラン・メカニズムによって、不確実性回避が株式市場という実体経済にも影響を与えている可能性があることがわかりました。

現在の日本経済の不況を観察するにつけ、このような尻込み心理による不具合なのではないか、という感触を得ます。この不況下で、政府も各企業もがんばっていろいろな政策を打ち出してはいますが、どうしたわけかなかなか事態が改善されていきません。それは、社会にさまざまな「硬直性」「粘性《ねんせい》」があるからだ、とよく論じられます。たとえばこんなふうです。ゼネコンには明らかな余剰人員がおり、一方仕事は減ってきているのだから、もっとドラスティックなリストラや淘汰《とうた》が行われなければいけない。にもかかわらず、ゼネコン関係の従業者数が一向に減少しないのは、政府の公共事業によって無益な資金が投入され続けているからだ。こういう議論がマスコミの主流を占めています。

終身雇用型の古い慣行から脱出できない、とか、国際競争に勝てるような人材育成ができない、とか、そのようなことも同じように「社会の硬直化」や「社会の粘性」と説明されています。しかし、このような硬直性・粘性を、「不合理な国民性」とか「既得権益にしがみつく強欲」によって説明するのは、経済学者である筆者には納得いかないものがあるのです。そこで、既得権益や国民性をもち出さない説明を試みてみましょう。ダウ&ワーラン・メカニズムを使えば、以上のような経済社会に生じる一種の粘性をある程度は説明できるのです(15)。

構造改革論が見落としていること

今、産業Xは余剰人員を抱えて不採算にあえいでいるとします。産業Xは経済情勢に柔軟性がないため、業績低迷に陥ったと考えてください。そこで、新規投資でA部門、B部門を設立し、一部の就労者を転籍させるリストラ計画をもったとします。A部門、B部門は特定の経済情勢にフィットしたものです。ここで、経済情勢といっている不確実要因は、為替要因とか、中国躍進要因とか、中東石油情勢とか、何でもかまいません。それを、二つの根元事象だけに代表させておき、Ω＝

{u,d}と設定します。産業Xは、Ωの不確実性に反応が鈍く、どちらのステイトでも一定の低生産性しか示しません。他方、A部門、B部門は、ステイトに応じて敏感に生産性が変わります。AとBは対照的で、uが起きればAが優良、dならBが優良となります。つまり結局、どちらのステイトになっても、一方の部門は好成績をあげられる構造なのです。これはX、A、Bを合わせることで、総合産業としてどんな経済情勢でもどこかがもうかるように分散投資しているのと同じです。

X、A、Bは、Ωのそれぞれのステイトに応じて業績が決まりますので、賃金もステイトに応じて支払います。つまり、ステイトに応じて、賃金、生産量を決めるのです。労働者は賃金の期待値に応じて、就労する部門を決めます。労働者を全員同質な人間だと仮定すれば、どの部門の賃金の期待値も同一になるように、賃金が決定されなければなりません。そうでなければ、すべての従業員の希望が一カ所に集中してしまい、他の二部門が営業できなくなるからです（これを経済学のことばで、「裁定均衡」といいます）。

このような設定のもとで、Ωにおける各業績の推測が、「リスク」である場合と、「不確実性回避」である場合とで、決定される均衡がどう変わるかを分析してみましょう。

まずリスクの場合です。このときは、各企業が雇う労働者の比が企業の生産性の比と一致するように決まります（これは経済学の標準的な結論ですが、テクニカルになるので説明は省略します）。これは、企業の生産性に対応してもっとも効率的に労働者が配分されることを意味しています。しかもおもしろいことに、Ωのオッズがいかなるものであれ、Xからの転籍者数の合計はいつも一定になるのです。なぜなら、たとえばステイトuのオッズが上昇しても、B部門の評価が落ちる分を、A部門の評価上昇が完全におぎない、転籍希望の従業員数の合計は一定になるからです。これは、二つの企業が完全に補完的であることを意味しています。こうなることを事前に確信しているXの経営者たちは、オッズが明らかになる前でも（あるいはマルチプル・プライヤーをもっていても、マックスミン原理を使わないなら）、各従業員数を確定し、規模縮小の計画を前倒しで実行し、リストラの費用を正確に調達することが可能です。つまり経済情勢の変化に対して、時間的猶予《ゆうよ》をもつことができるわけです。

　ところが、従業員たちに不確実性回避の性向がある場合、こうはなりません。彼らがマルチプル・プライヤーをもっていてマックスミン原理を使う場合、計算する期待値たちの中で一番悪い数値を指標に用いますから、A部門に転籍しようとするものはA部門の業績を悪く予想し、したがって、賃金の期待値を最低に見積もります。反対にB部門に転籍しようとするものは、B部門の賃金の期待値が最悪となる場合を参照するのです。つまり、どちらの部門に転籍する従業員も、マルチプル・プライヤーの中で、賃金の期待値が最悪の場合を想定した上で転籍を決行するわけですから、「リスク」の場合に決まる賃金の期待値の水準では転籍を決行しないことになります。こうなると、Xからの転籍が果たされるためには、リスクのときに比べて、A部門、B部門の賃金水準がXよりも相対的に高くならなくてはなりません。

　それだけではありません。産業Xの経営者は、どんなオッズが生じても効率的人数の従業員数に落ち着くつもりで規模縮小計画を前倒しで準備したのですが、ふたをあけてみると、予想したよりもたくさんの残留希望者が出てしまっていることに気づきます。リストラを見込んだ先行投資の一部は水泡として消え去ることになったわけです。このように、不確実性回避があると、労働配分、賃金、先行投資などさまざまな形で非効率性が現れます。

日本の不況が、このモデルで説得的に解明されるなどとは思っていませんが、一つの可能性を示唆しているのではないでしょうか。仮に現在、日本の経済システムが老朽化していて、構造改革が必要だとしてみましょう（筆者は必ずしもこの意見には賛成ではありません）。自由経済の理念では、こういう環境下でも、自律的に新陳代謝が行われる、と考えられます。だから、公による障壁を取り除いて、民営化や規制緩和をし、あとは放っておけばいい、ということになります。しかし、さきほどのモデルでみたように、経済参加者の一部の間に不確実性回避がある場合、一概にそれが成功するとは限りません。あらゆる環境変化に臨機応変に対応できる一種の「分散投資」を準備したのだから、あとは自己責任でがんばれ、といったとしても、ダウ＆ワーラン的尻込みによって、どの決断も下せないことが起きます。そのために、旧システムという非効率性が継続されるとしても、それは日本的商慣行のせいでも、既得権益のせいでもないわけです。

第6章 ぼくがそれを知っていると、君は知らない
～コモン・ノレッジと集団的不可知性

ぼくは知ってるよ
きみのあたまがすこし　わるくって
かにのはさみがすこし　いたくって
知久寿焼　（たま「植木鉢」）

集団的不可知性

ものごとが不確実だというとき、それが複数の人間たちの知識のかみ合わなさに原因がある場合もままあります。これは「集団的不可知性」とでも呼べるものです。

一番身近な例は、恋愛でしょう。自分も恋人も、お互いをステディとして認め合っていて、今が結婚のタイミングだと両方とも考えているとします。しかし、ここで肝心なのは、自分はそう思っていても相手がどう思っているかわからない、ということです。相手の気持ちがわからないので、両方とも言い出さないまま、タイミングを逃してしまったという後日談をよく耳にするものです。

つまり、それぞれにとっては確実なことでも、二人にとっては不確実、そういうことがありうるわけです。

このように、複数の人物が互いに相手の知識のことを推理し合う構造を研究したのは、数学者のリトルウッドやルイスで、それを意思決定理論の枠組みに定式化したのが経済学者のロバート・オーマンでした。彼らが問題にしたのは、「Aさんができごと Eを知っている」ことと「Bさんができごと Eを知っている」ということから、「できごと EはAとBの共有の知識である」といえるか、ということです。これは必ずしも正しくない、ということが示されたのでした。なぜなら「EをAが知っていることをBも知っているか」などの問題も考慮しなければならないからです。たとえばEを「二人は結婚すべき」とすれば、冒頭の例になります。

もう一つのわかりやすい例は、サッカーにおける「オフサイド・トラップ」でしょう。これは、ディフェンダーA、B、Cが同時に一斉に前方に移動し、オフサイドラインを押し上げ、敵のフォワードへのパスをオフサイドという反則に仕立てる作戦です。この作戦を取るべき状況をEとしたとき、A、B、Cの三人がそれぞれEを知っていても、この作戦を実行できるわけではありません。一人でもこの作戦を実行しなかったら、相手のパスが通ってしまいますから、自陣のゴールが危うくなります。したがって、この作戦を実行に移すには「EをAが知っていることをBが知っている」等々も必要なのです。もちろん、声を掛け合うと相手に作戦が知られてしまいますから、無言で実行せねばならず、それぞれが他の知識を正確に把握していることが不可欠になります。

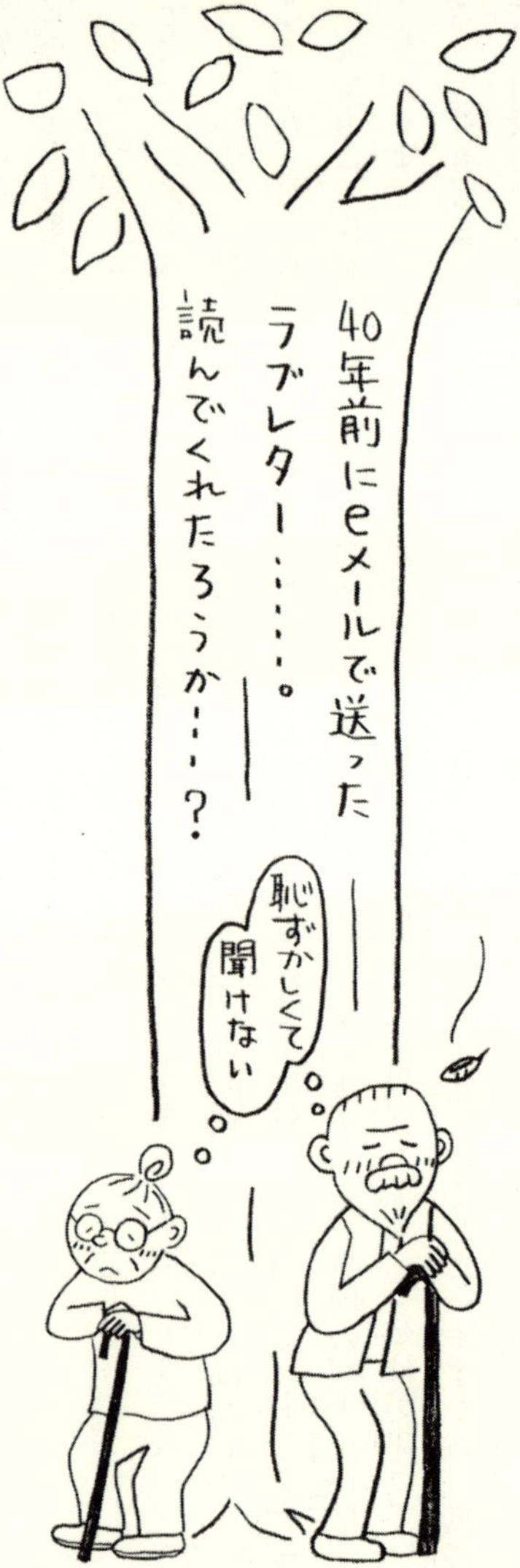
40年前にeメールで送った
ラブレター……。
読んでくれたろうか……？
恥ずかしくて聞けない

eメールの不安

もうすこし複雑な例をあげましょう。eメールを利用するとき、わたしたちはしばしば困った状況に出会います。たとえば、AさんがBさんにeメールで、「待ち合わせ場所は駅の改札」と知らせたとしましょう。この情報をXと書くことにします。Bさんがこのメールを見た時点において、「AさんはXを知っている」し、「BさんはXを知っている」ことになります。ところが、この段階ではまだXは二人の共有の知識ではないのです。どうしてかというと、Aさんはまだ「BさんはX

を知っている」ことを知らないからです。これだと何が困るかは、ｅメールの利用者なら誰でもわかることでしょう。Ａさんは、Ｂさんにメールが届いていないか、あるいは届いていてもＢさんが読んでいない可能性を不安に思うはずです。したがって、「ＢさんはＸを知っている」ことをＡさんが確信できないと、Ａさんは約束が成立したことを確認できず、ひょっとすると待ち合わせ場所に行くことをやめるかもしれません。そこでＢさんは、Ｘを了解したというリプライのｅメールを送らざるを得ないのです。

では、このリプライがＡさんに届いた時点で、Ｘは二人の共有の知識になったでしょうか。実はこれでもまだダメなのです。「Ｂさんのリプライを Ａさんが受け取ったこと」をＢさんが知らないと、今度はＡさんが心配になります。どう心配になるのでしょうか。Ｂさんは、Ａさんにリプライが届いた確信がないと、Ａさんが「ＢさんがＸを知っている」ことを知っていると断定できません。とすると、さきほど述べたＡさんが約束の場所に出向かない可能性を払拭しきれず、自ら約束の場所に行くのを躊躇するようになるかもしれません。こうなると、「ＢがＸを知っている」と知ったＡさんも、約束がうまくかみ合ったとは考えられないでしょう。したがって、Ａさんはリプライを受け取ったというリプライを再びＢさんに送ることになります。

この辺でおわかりいただいたと思いますが、この連鎖はいつまでも終了しません。そもそも、リプライを出すのは、相手が新しい情報を得ないと不都合があるからです。したがって、相手にその新しい情報が伝わったことが確信できなければ、その不都合が解消されません。それには相手の返事を必要とするのです。現実には、この連鎖を断ち切るために、eメールでなく電話などで確認を入れるか、または何度かのeメールのやりとりで打ち切って、あとは運を天に任せて約束を遂行するか、そのどちらかになるようです。

では、「共有知識」というものを、正式に定義してみましょう。「XがAとBの共有知識」であるとは、以下のすべてが成立することと取り決めます。

「AがXを知っている」、「BがXを知っている」、「「AがXを知っている」ことをBが知っている」、「「BがXを知っている」ことをAが知っている」、「「「AがXを知っている」ことをBが知っている」ことをAが知っている」、……以下同様

ここで、電話するとどうしてXが共有知識となるのか、考え直してみましょう。それは、AさんがBさんに電話してXのことを伝えると、BさんがXを知るばかりではなく、BさんがXを知っていることをAさんも知り、そのことを再びBさんも知り、そのことをさらにAさんも知る、という無限の合わせ鏡がいっぺんに成立することになるからです。普段は意識しませんが、同時双方向の意思疎通というのは、こういう無限の連鎖を内包していて、共有知識を生み出す源になっているわけです。

ところで、共有知識という日本語は、日常的なニュアンスの表現と混乱される恐れがあるので、以降、英語の専門用語「**コモン・ノレッジ**」のほうを使って、「XはAとBのコモン・ノレッジである」、と呼ぶことにします。

「知っている」ということを記号化する

コモン・ノレッジは、複層的な知識の絡み合いを表す概念であり、表層的に理解するのは簡単なのですが、本質的に理解するためには多少、数学的に汗をかく必要があります。本質的に理解しないと、世間知から脱出することはできません。それではコモン・ノレッジを知る意味がありませんから、ここではできるだけかみくだいて、数理的に理解していただくことにします。

まず、「情報」と「知識」を記号化することにしましょう。例として、知り合いから電話があった、というモデルを取り上げてみます。Ａさんが帰宅したら、奥さんから「電話があったわよ」と伝えられたとします。Ａさんに思い当たるのが、ｓ、ｔ、ｕ、ｖ、ｗの五人であるとき、この事態を、集合を利用して、Ω＝{s,t,u,v,w}と表すことにしましょう。この表現が標本空間と同じであることに注目してください。このようなモデルも、不確実性モデルで表現できるわけです（ただしこの場合、オッズは必要ありません）。

ここで奥さんが「～さんからよ」と苗字を教えてくれるとします。しかし、わずらわしいことにｓとｔは同じ苗字でともに「鈴木」、ｕとｖも同じでともに「佐藤」、ｗは「田中」だとします。こうなると、Ａさんは奥さんから苗字を聞いても、それが五人の誰であるか特定できるとは限らないことになります。そのことを表すために、「同じ苗字であるため区別のつかない」人をカッコでくくって書くことにしましょう。以下のようになります。

PA＝{(s,t), (u,v), (w)}

このPAをAさんの「**情報分割**」と呼びます。また、おのおの（s,t）と（u,v）と（w）を、情報組と呼ぶことにします。この情報組による情報分割は、電話がかかってきた場合に、どのカッコ内の人かまでは特定できても、カッコの中の誰であるかまでは区別できないまとまりを表しています。たとえば、奥さんが「佐藤さんから電話があったわよ」と伝えたとき、Aさんは情報組（u,v）までは特定できるけれど、uとvのどちらの佐藤か、までは決定できないわけです。つまり、情報分割はAさんの「知識の状態」を表しているといえます。

この情報分割という形式を使うと、「AさんはXを知っている」という形式を数学的に表現できるようになります。このことを理解してもらうために、さらに「sとtとuは会社の同僚である」という設定をつけ加えておきましょう。そして、できごとX＝「電話をしてきた人は会社の同僚である」に注目することにします。Xをたんに集合で表すと、X＝{s,t,u}となります。まず、電話をかけてきたのがsさんだとすると、このとき「AさんはできごとXを知っている」のでしょうか。それとも「AさんはできごとXを知らない」のでしょうか。答えは簡単明瞭です。sさんが電話をかけてきた場合、Aさんは「電話をかけてきたのが鈴木」だとわかります。しかし、sとtのどちらの鈴木かはわかりません。けれども、どちらの鈴木であったにしても会社の同僚ですから、「AさんはXを知っている」ことになるのです。このことは集合の上では、「情報組（s,t）がXに含まれる」という関係を意味しています。

では、電話をかけてきたのがuさんである場合には、「Aさんはxを知っている」でしょうか。現実に電話をかけてきたのがuの場合、「佐藤」ということしかわからないAさんは、uかvかの区別がつきません。uだったら会社の同僚ですが、vだと違います。したがって、Aさんは「電話をかけてきたのが会社の同僚」(X)だとは確信することができない、というわけなのです。これは集合の上では、「情報組(u,v)がXに含まれない」という関係であることを表しています。

以上によって、「電話をかけてきたのは会社の同僚である」という情報X＝{s,t,u}に対して、「AさんがXを知っている」ためには、実際に起きている真のできごと(電話をかけてきた人)が、Xのどれでもいいわけではなく、一部を取り除かなければいけない、とわかりました。

そこで、「AさんがXを知っているために、起きているべき真のできごと」の集まりを、KA(X)と記号化しておきましょう。ここでは、Xからuをのぞいて、KA(X)＝{s,t}となります。KAという記号は、「Knowledge of A(Aの知識)」とか「A knows(Aは知っている)」を略したものです。このように「AがXを知っている」を表す集合がもとの「X」よりも要素が少なくなることが、コモン・ノレッジを理解するときのポイントです。

情報Xが永遠に共有されない例

次に、二人の知識の絡み合いに進むことにしましょう。例示するのは、リトルウッドが提出した「汚れた顔」モデルです。(16) これは、複数の人物が自分の顔が汚れているかどうかについての推理をするモデルです。各自は他人の顔が汚れているかどうかは見てわかりますが、自分の顔が汚れているかどうかについては見えないのでわからない環境に置かれており、各人の顔の汚れについてことばを交わさないで推論をするのです。本書では、もうすこし実感が湧くような状況に変更して解説することにします。

今、同業者のAさんとBさんがいて、別々の会社に勤務しているとします。業界は厳しい不況のもとにあり、会社が倒産するかどうかが心配です。ここでこんな状況を設定してみます。Aさんは、Bさんの会社が倒産するかしないかは、自分の社内の噂で知っていますが、自分の会社についてはわかりません。同様に、Bさんのほうも、Aさんの会社が倒産するかどうかはわかるのですが、自分の会社についてはわからないとします。

標本空間はΩ＝{0,a,b,c}と表せます。ここで「0」は、どちらも倒産しないこと、「a」はAさんの会社だけが倒産すること、「b」はBさんの会社だけが倒産すること、「c」は両方の会社が倒産することを表す記号としましょう。するとAさんの情報分割は、PA＝{(0,a), (b,c)}となります。つまり、Aさんは0とaが起きている場合、それがどちらであるかを区別できず、bとcが起きている場合にもそれがどちらかを区別できないのです。同様にしてBさんの情報分割もPB＝{(0, b), (a,c)}となります。

ここで問題にしたいのは、「少なくとも一方の会社は倒産する」という情報Xです。記号で書くと、X＝{a,b,c}ということになります。次のようなことを考えてみましょう。Ωの中のどのステイトが起きているとき、XはAさんとBさんのコモン・ノレッジになるのでしょうか？
ちょっと考えただけだと、cの「両方倒産する」という事態になっているとき、Xはコモン・ノレッジであるような気がします。実際、相手の会社が倒産することは双方知っているのだから、二人ともXと知っているわけです。しかし、それぞれがXを知っているだけではコモン・ノレッジでないことを、恋愛やeメールの例から思い出してください。Xがコモン・ノレッジになるためには、AがXを知っているだけではなく、そのことをBが知っていて、さらにそのことをAも知っていて、という複層構造が起こらないとならないのです。

実は、現実の事態がcであったとしても、Xはコモン・ノレッジにはならないのです。それをまずことばで説明してみましょう。c「両方とも倒産する」が起きているとき、AはX「少なくとも一方の会社は倒産する」を知っています。それはBの会社が倒産するとわかるからです。けれども「AがXを知っていること」をBは知りません。どうしてでしょうか。「AがXを知っていること」をBが確信するということは、つまりBの会社が倒産するということをB自らも確信するということです。しかし、Bはできごとcのもとでも、それを知ることができないはずです。

右の文を読んだ皆さんも実感したと思いますが、このようにコモン・ノレッジは、日常言語では非常に理解しにくくなります。わかったようなわからないような気分のままでしょう。それが世間知の限界なのです。きちんとした理解に達するには、遠回りのようでも、数学記号を経由するのが一番です。

「AがXを知っている」ために起きているべきΩの中のステイトは、さきほど解説したように、Aの情報組でX＝{a,b,c}に丸々含まれるようなものです。情報組（b,c）はXに含まれますが、（0,a）のほうはXに含まれません。したがって、

「AがXを知っているために起きているべき事態」＝KA(X)＝{b,c}

となります。

つぎに、「「AがXを知っている」ことをBが知っている」ために起きているべきΩのステイトは何でしょうか。つまり問題は、BがKA(X)＝{b,c}が起きていることを知っているには、何が起きていればいいか、ということです。これは、KA(X)に含まれているBの情報組を調べればいいわけです。Bの情報組は（0,b）と（a,c）ですが、これはどちらもKA(X)＝{b,c}に丸々含まれてはいません。そういうわけで、何が起きていても、「「AがXを知っている」ことをBが知っている」ということはありえないとわかったのです。つまり、現実に起きているステイトがいずれであっても、XはAさんとBさんのコモン・ノレッジになることはありえません。

公的情報の役割

以上の分析で、「少なくとも一つの会社は倒産する」ということをAさんが知っており、Bさんが知っているとしても、互いに相手の状態はわからないため、それがコモン・ノレッジにならない、とわかりました。かいつまんで説明すると、Aさんの知識はBさんの会社のことであり、Bさん自

身は自分の会社のことを知りえないことからAさんの知識を知りえないのです。

ここで、政府が「Aさんの会社かBさんの会社か、少なくとも一方は倒産する」という情報を公表したとしましょう。こういう情報を「**公的情報**」と呼びます。この公的情報は何を生み出すのでしょうか。そう、この公的情報によって、X「少なくともどちらかの会社は倒産する」ということが、AさんとBさんのコモン・ノレッジとなるのです。これは、電話の原理と同じです。Xが公的情報として公表されたことで、AさんがXを知り、BさんもXを知っただけではなく、AさんがXを知っていることをBさんは知り、BさんがXを知っていることをAさんも知り、……という無限の合わせ鏡がいっぺんに成立することとなります。

この公的情報の役割は、情報分割の数学的立場からはどんなふうに表現できるでしょうか。

まず、公的情報の公開によって、AさんとBさんの情報分割が変化してしまうことを確認してください。Aさんのほうは、PA＝{(0), (a), (b,c)}、となります。今までは、どこも倒産しない「0」と自分の会社が倒産する「a」がAさんには見分けられなかったのですが、政府公報によって「0」がありえないとわかったのですから、0とaは見分けられるようになるので、このような情報分割になるわけです（もっと詳しくいうとBさんの会社が倒産しないのを知っていれば、倒産するのは自分の会社だと推理できるわけです）。同様にBさんのほうの情報分割はPB＝{(0), (b), (a,c)}となります。このような情報分割の変化のために事情はどう変わるのでしょう。前にやった「～を知っている」という計算を再現することにします。

「AがXを知っている」とき起きているべきステイトの集まりKA(X)は、X＝{a,b,c}に丸々含まれるAの情報組を選び出せばいいのですが、それは（a）と（b,c）にあたります。したがって、

「AがXを知っている」＝KA(X)＝{a,b,c}

となります。次に、「「AがXを知っている」ことをBが知っている」とき起きているべきステイトを求めます。これは、「BがKA(X)を知っている」ということですから、Bの情報組の中で、KA(X)＝{a,b,c}に丸々含まれるものを選び出せばわかります。それは、（b）と（a,c）です。というわけで、

「「AがXを知っている」ことをBが知っている」＝KB(KA(X))＝{a,b,c}

となります（以下ずっと同じ{a,b,c}が続きます）。このようにして、a、b、cのどれが現実であっても、「少なくとも一つの会社は倒産する」はAさんとBさんのコモン・ノレッジになりました。「公的情報」がコモン・ノレッジを生み出す数理的メカニズムがはっきりしたわけです。

これらを考えると、「個人個人が部分的情報をもっていて、それらを全員分、寄せ集めれば完全な情報になる」という状態と「政府が公的情報を流す」という状態が、まったく異なるものであることがわかります。右の例ではAさんもBさんもともに、業界で一つの倒産が起きることがわかってはいますが、それはAさんとBさんの共有の知識ではなく、このようなとき、AさんとBさんが情報交換をしないまま、あうんの呼吸で何か行動を起こす（たとえば、二人で別会社を創立する）ことはできません。これはオフサイド・トラップの例を思い出すとよく理解できるでしょう。しかし、

政府の公的情報として同じ知識をAさんとBさんが得た場合には、それは共有の知識となって、両者に以心伝心で行動を起こさせる可能性があるわけです。したがって、ある情報（たとえば、銀行はもうつぶれない、とか、不況は脱出できた、とか）が、たとえすでに「世の中」に流布していて常識になっていると考えられても、政府がそれをきちんと公表することはときに重要なことです。

株価暴落のメカニズム

コモン・ノレッジを使って、何か現実的な経済現象を説明することは可能でしょうか。これに関して、セルジュ・ハートとヤール・タウマンは、株式市場の暴落のメカニズムを描写したおもしろいモデルを一九九七年に発表しました(17)。

株式市場の暴落は、過去何度か起きていますが、「何の前触れもなく、特別な引き金もなく、ある日突然に」という特徴をもっています。ロバート・J・シラー『根拠なき熱狂』によれば、一九二九年ニューヨーク株式市場の暴落の日、朝刊にはこれといった悲観的なニュースは載らなかったそうです(18)。シラーは、当時の記録をつぶさに調べて、何回かの暴落の背後には特別なできごとの報道があったわけではないことをつきとめました。シラーのいうことが正しいなら、株式市場の暴落の原因というものは、「人々が理由もなく唐突に申し合わせたように一斉に売りに出た」としか考えられないことになります。

株式市場の参加者は、インターネットや電話や証券会社を通じて多少の情報交換はしますが、

「自分は何をどのくらい買う」というような具体的な情報は明かしませんし、また、たとえ宣言したとしても現実に実行しない限りそれは信用されません（デマを意図的に流している可能性もあるからです）。参加者にとってもっとも信頼できる情報は、「現実にどの株がいくらでどのくらい売買されたか」だけです。これは情報としては、非常に単純なものです。この単純な情報の交換の中で、昨日までは平常通りの売買が行われながら、「ある日、突然、一斉に」売り一色に市場が染まる、というのは実に奇妙に思えます。しかし、ハート&タウマンは、コモン・ノレッジを利用すれば、このような唐突な集団行動の変化を説明できることに気がついたのです。

株式市場では、たんに株式と金銭との交換がなされているだけではなく、それによって各自の情報も更新されているのだ、と彼らは考えました。つまり、毎日行われる平凡な「売り」「買い」の情報が、公的情報のような役割を果たし、参加者の情報分割を次第に変化させ、ある日突然一斉に行動が変化する。そんなモデルを彼らは創案したのです。

では、ハート&タウマン・モデルを解説しましょう。

まず、標本空間をΩ＝{1,2,3,4,**5**,6,7,8,**9**}とします。それぞれのステイトは、消費、投資、住宅着工、イノベーション、などに関係するさまざまな経済状況を表すものと考えてください。これらのステイトは、オッズが対等とします。簡略化のため、株式市場の参加者はAさんとBさんだけとし、各自の情報分割は、

PA＝{(1,2,3),(4,**5**,6),(7,8,**9**)}　PB＝{(1,2,3,4),(**5**,6,7,8),(**9**)}

としておきます。前にも説明しましたが、カッコでくくられた中のステイトはどれが起こっているのか見分けられない、という「知識の限界」を表しています（たとえば、ある企業の売上が低迷しているとき、その原因が「消費者の嗜好の変化」なのか、「自社製品の質の低下」なのか、「他社の製品に客が奪われているのか」見分けがつかない、そんな状態のことです）。

ここでとくに、九個のステイトの中で、ゴチックで表示した1と5と9が景気後退を表すものとして、このどれかが現実であることをはっきり認識したら、AもBも「売り」にまわります。今、現実に起きているできごとはステイト1であるとしましょう。つまり、現実は景気後退の様相を呈しているわけです。ただし、二人とも情報分割のせいで、現実のできごとがステイト1である、とはっきり認識できません。Aさんは、情報組（**1**,2,3）のどれかが起きていることはわかりますが、それが1であることは特定できず、Bさんは情報組（**1**,2,3,4）のどれかが現実であることまでは見分けられますが、それが1であるとは認識できない、というわけです。

ここで、AさんとBさんの売買戦略がともに、「景気後退の可能性が三分の一以上になったら売り、それ未満なら買い」というものだと仮定します。

まず、一日目のできごとを描写します。Aさんはこう推測するでしょう。できごとは{**1**,2,3}のどれかであるまではわかる。しかし、それ以上は特定できない。もしも1なら景気後退だが、それは三つに一つの可能性である。だから、景気後退の確率は三分の一と見積もられる。したがって戦略は「売り」だ。Bさんはどうでしょうか。こう判断するはずです。現状は、{**1**,2,3,4}の中の一つとまではしぼり込めたが、それ以上はわからない。とすると、景気後退の確率は四つのうちの一つで四分の一となる。したがって戦略は「買い」だ。このように、Aさんは売りにまわり、Bさんは買いにまわり売買が成立しました。

一日目に売買が成立したことから、二人の知識に何か変化があるでしょうか。一見何もないように見えます。ところが、重要な変化が起きるのです。それは、「Aさんが一日目に売り」(できごとZと書くことにしましょう)と、「Bさんが一日目に買い」(できごとWと書きましょう)が、ともに二人のコモン・ノレッジになる、ということです。あたりまえじゃないか、そんなことが何の足しになるんだ、と思われるかもしれませんが、まあとりあえず聞いてください。

まず、取引前には、Wのほうはコモン・ノレッジではないことを確認しましょう。それはなぜか。Wというのは、「Bさんが一日目に買い」ということですが、そうなるために起こっているべきステイトは{1,2,3,4,5,6,7,8}と、Ωからステイト9を取り除かなくてはなりません。なぜなら、もしもステイト9が起きていたら、情報分割PBからBさんは景気後退を確信して売りにまわるからです。次に「AさんがWを知っている」=KA(W)を求めましょう。W={1,2,3,4,5,6,7,8}に丸々含まれるAさんの情報組を列挙すればいいのですが、それは、(1,2,3)、と(4,5,6)です。したがって、KA(W)={1,2,3,4,5,6}と求められます。次に、「「AさんがWを知っている」ことをBさんが知っている」=「BさんがKA(W)を知っている」=KB(KA(W))を計算しましょう。KA(W)={1,2,3,4,5,6}に丸々含まれるBさんの情報組を列挙すると、(1,2,3,4)だけとなりますので、KB(KA(W))={1,2,3,4}となります。これをもう二回進めるともはやステイトは一つも残らなくなります（各自確かめてください）。これで、現実のできごとが何であったとしても、Wがコモン・ノレッジでないことがわかりました。

景気後退の見方が一致する理由

ところが、実際に一日目の売買が成立し、Aさんが売り、Bさんが買い、それを双方が実体験したことで、ZとWは二人のコモン・ノレッジになりました。実体験する、ということは、BさんがZを知ることであるし、またそのことをAさんが知るし、またそのことをBさんも知ると連鎖し、どこまでもお互いの知識が確信になるのです。これは、お互いが二人の情報分割だけからお互いの認識を推理し合うことと次元を異にしています。つまり、現実の売買の体験は、公的情報と同じ効果をもっているのです。

このことは何をもたらすのでしょうか。それは、二人の情報分割の変化です。さきほど確かめたように、最初の情報分割では、Wがコモン・ノレッジではありません。したがって、Wもコモン・ノレッジになるように情報分割が変化しなければならないのです。Wがコモン・ノレッジになるとはどういうことでしょうか。ステイト9が現実なら、Bさんは決して買いに出なかったはずですから、「現実は9」ではないという公的情報が得られたのと同じです。したがって、できごと9が情報として分離されます。この結果、一日目の取引後の二人の情報分割は、

PA1＝{(1,2,3),(4,5,6),(7,8),(9)}　PB1＝{(1,2,3,4),(5,6,7,8),(9)}

となります。この情報分割に対しては、ZもWもコモン・ノレッジとなっています。

さて、一日目の取引によってこのように情報分割が変化した後、二日目の取引はどうなるでしょうか。現実に起きているのはできごと1で、相変わらずAさんは情報組（1,2,3）を認識し、Bさんは情報組（1,2,3,4）を認識しています。したがって、Aさんは景気後退の確率は三分の一だと考えて売りを出し、Bさんは四分の一だと考えて買いを出します。二日目も売買は成立します。現実に売買が成立し、AもBもそれを体験したことから、今度は「二日目にAは売り」と「二日目にBは買い」がコモン・ノレッジとなりました。これがまた、情報分割を変化させます。Aの情報分割を見てください。ステイト7かステイト8が起きていたら、Aさんは景気がいいことを知り、「売り」を出すはずがありません。つまりステイト7やステイト8ではありえないことがコモン・ノレッジとなったのです。

二日目の取引後の二人の情報分割は、以下のようになります。

PA2＝{(1,2,3),(4,5,6),(7,8),(9)}　PB2＝{(1,2,3,4),(5,6),(7,8),(9)}

右のように情報分割が改定されたあと、三日目を迎えました。またしても売買は成立します。A、Bが認知しているのがそれぞれ情報組、（1,2,3）、（1,2,3,4）であることには変わりないからです。この三日目の取引の成立によって、そのあとの情報分割が

PA3＝{(1,2,3),(4),(5,6),(7,8),(9)}　PB3＝{(1,2,3,4),(5,6),(7,8),(9)}

と改定されます。四日目も、まだ前日までと同じ売買が成立します。その取引後、二人の情報分割は、

PA4＝{(1,2,3),(4),(5,6),(7,8),(9)}　PB4＝{(1,2,3),(4),(5,6),(7,8),(9)}

と改定されます。ここでやっと劇的な変化が起きるお膳立てが整いました。今までとは違って、Bさんが現実として知っているのが、情報組(1,2,3)となったのです。Bさんの景気後退の見積もりは、Aさんと同じ三分の一と変わりました。そこで五日目には、AさんもBさんも、売り注文を出します。市場には買い手不在となって、市場は暴落することになります。

このプロセスは、何を描写しているのでしょうか。AさんとBさんの経済情勢に対する見方は、四日目まではずっと変化しません。だから、一方は売り、他方は買いをしています。四日目までは、二人に景気についての意見を聞いても同じ返事が返ってくるだけで、実際の売買にもその見積もりははっきり出ています。しかしその背後で、いわば無言の情報交換がなされ、新たなコモン・ノレッジが生成され、二人の情報分割は徐々に変化しているのです。そして、ある日突然、二人の意見は一致し、市況への見方が揃ってしまうことになります。

株式市場では、「投資家の意見の一致」というのは非常に危険です。「買い」で一致するとバブルが起こり、「売り」で一致すると暴落が起こるからです。このモデルは、非常に数理的ではあるにせよ、バブルや恐慌が前兆もなく唐突に起こることが少なくとも不合理とはいえない、ということを示しています。

コモン・ノレッジが不確実性回避を生み出す

これまで、オーマンの卓越した着想によって定式化されたコモン・ノレッジについて解説してきました。これは「個人の知識を足し合わせたもの」と「集団としての知識」というものが必ずしも同一ではない、ということを表現したものと見なすことができました。各人すべてが知っていることであっても、それは集団の知ではないかもしれないのです。このことはある意味では、**「公共」というものが「個人を総合したもの」とは、本質的に異なるかもしれない**ことを暗示している、といってもいいでしょう。

このように、コモン・ノレッジを前提とすると、集団による推論というのは、個人のものに比べて大きな制約を受ける可能性があることを直感できます。個人の不可知性が微小なものであっても、それを集団で集計すると、無視しえない不可知性に成長する場合もありうるのです。

その最たる例として、第5章で解説した不確実性回避の現象が、コモン・ノレッジによっても引き起こされる、ということをご説明いたしましょう。

不確実性回避は、推測者が利用している確率が加法性をもたないキャパシティであることから説明されました。つまりXというできごとを選ぼうとすると、Xでない事態が心配になり、Xでないできごとを選ぼうとすると、Xである事態が心配になる、そんな性向でした。集団での選択の場合にも、これとそっくりの現象が引き起こされる可能性があります。できごとXが起きていても、それがコモン・ノレッジでなければ、集団としてXを認知することはできないでしょう。Xがコモン・ノレッジとなるステイトは、Xに属するすべてのステイトであるわけではなく、一部のステイトは削除されてしまうところに本質がありました。これを考えると、Xを見込んだ決断をしようとしている集団は、Xの裏側の可能性のほうがあたかも実際より高いかのようなふるまいをしてしまうかもしれません。逆にXの裏側を見込んだふるまいを決断すると、今度は、Xの裏側の裏側であるXの可能性を、実際よりも高いように認知してしまうかもしれません。これはまさしくエルスバーグ・パラドックスの仕組みと同じです。

非常に簡単な例でこのことを実証してみましょう。AさんとBさんからなる集団が、あるクジに二人で参加するとします。このクジは次のような不確実性モデルから作られているとします。標本空間はΩ＝{x,y,z,u,v,w}、オッズは1：1：1：1：1：1という不確実性モデルです。この集団が、イベントM＝{x,y,z}とイベントN＝{u,v,w}のどちらが起きているかを当てたら賞金がもらえるのです。ここまでの設定なら、賞金をもらえる確率は、どちらを選んでも〇・五だということになります。しかしここで、ちょっと変わった設定をしましょう。「選んだイベントがコモン・ノレッジであったら賞金をもらえる」というクジにするのです。つまり、Mを選んだなら、AさんがMを認知し、AさんがMを認知していることをBさんが認知し、……以下同様、というように、「集団として当てる」ことができた場合に賞金がもらえる仕掛けです。

ここで、二人の情報分割を、PA＝{(x),(z),(y,v),(u),(w)}、とPB＝{(x),(y),(z,u),(v), (w)}としておきます。このとき、集団がM＝{x, y, z}を選んだ場合に賞金をもらえる確率はいくつになるでしょうか。それには、Mをコモン・ノレッジにするステイトを特定すればいいのです。次のようになります。

KA(M)＝{x, z}　KB(KA(M))＝{x}　KA(KB(KA(M)))＝{x}……

KB(M)＝{x, y}　KA(KB(M))＝{x}　KB(KA(KB(M)))＝{x}……

したがって、Mをコモン・ノレッジとするステイトはxのみとなります。だから、Mを選んだときに賞金をもらえる確率はわずか六分の一です。では、反対のステイトN＝{u, v, w}を選んだらどうでしょうか。

KA(N)＝{u, w}　KB(KA(N))＝{w}　KA(KB(KA(N)))＝{w}……

KB(N)＝{v, w}　KA(KB(N))＝{w}　KB(KA(KB(N)))＝{w}……

となるので、Nをコモン・ノレッジにできるステイトはwのみです。このときも賞金をもらえる確率はやはり六分の一となります。足し合わせても三分の一で1にならないことは明白です。そして、このメカニズムが、エルスバーグ・パラドックスとまったく同じであることが見て取れるでしょう。実は、このようにコモン・ノレッジによって確率を設定する場合、どんなときにも不確実性回避と同じ構造が現れることが実際に証明できます。つまり、「集団のコモン・ノレッジによる合意から行動を選択する」とき、その選択はあたかも、「一人の人物が複数の信念をもってマックスミン原理で行動を選択している」かのように見える、ということなのです。これで、コモン・ノレッジの背後にも、ナイトの不確実性が横たわっていることを見て取ることができたでしょう。

このことは、次の章で解説するジョン・ロールズの平等思想と密接な関係をもつことになります。

第7章

無知のヴェール
～ロールズの思想とナイトの不確実性

God must be a boogie man!
Joni Mitchell （「God Must Be a Boogie Man」）

確率と社会の平等性

第5章と第6章では、最先端の確率理論を紹介してきました。その目的としては、もちろん、確率論の新展開を紹介したい、ということもありますが、実はこの章で論じることの準備でもあったのです。ここで論じたいのは、「社会の平等」と「確率」がどんな関係をもっているか、ということです。この二つは一見何のつながりもないように見えますが、実は切っても切れない関係にあります。

このことを実感するためには、逆に「不平等」のことを考えるといいでしょう。社会に生きる人には、みなそれぞれに違いがあります。生まれた家の富の違い、体格の違い、知能の違い、健康さの違い。それらの差異は、ときとして、幸不幸を決定づけたりもします。さらには、生きていく中で下したさまざまな意思決定が、多様な結果を生み出します。それはまさに悲喜こもごもです。このようなことはすべて確率的なできごとの帰結といえます。つまり不平等のことを論じるなら、不確実性とは何であるか、どんな性質のものであるか、そのもとでの意思決定はどうなされ、その良し悪しはどうか、そういうことを避けて通れないでしょう。このように、社会平等について語る上で、確率論は欠くことのできない分野といえるのです。

本章では、これまでの準備を踏まえ、経済学が構築してきた平等思想について紹介することにします。とりわけ、二〇世紀後半の社会思想における最高の成果とも評されるジョン・ロールズの思想について、その根底にある発想とナイトの不確実性とが、深い間柄にあることを明らかにしたいと思います。

平等は、人類の永遠のテーマ

人は生まれながらにいろいろな違いをもっています。その最たるものは、「富をもてる者ともたざる者」の差です。同じ人間として生まれてきながら、何の不自由もなく、欲しいものがたいがい手に入るような恵まれた人たちもいます。その反面、食べることさえままならない貧しく不遇の人たちもいます。この違いはどこからやってくるのでしょうか。これは不公平なことなのでしょうか。放っておいてもいいのでしょうか。どうするのがベストなのでしょうか。

直感的には、同じ人間に生まれてきたのだから、どんな人も等しく幸せであるべきだ、つまり、平等であるべきだ、と考えられるでしょう。このような「理想」に反論する人は少ないと思います。しかし、緻密に考えていくと、簡単な理屈ではこのことを論証できないことがわかってきます。

たとえば、野球のイチローや、サッカーの中田、あるいはマイクロソフト社のビル・ゲイツ、はたまた映画監督のスピルバーグ、俳優のトム・クルーズなどのことを考えてみましょう。彼らが巨万の富を得ているのは不公平でしょうか。彼らには豊かな才能があり、それを開花させる努力をし、その才能によって多くの人に楽しみを与えています。このような人物たちがたくさんの富を得るのは不公平なことではない、と多くの人が考えるに違いありません。しかし、こんな明白に思えることにさえも異議を唱えることができます。イチローや中田やゲイツは、その豊かな資質で、人から賞賛や名誉を与えられ、人に対して影響力をもち、本人自身も内的な充実感を得ています。これだけで十分な利益に浴するのだから、その上物的な富を求めるべきではない、そういう意見をジョン・スチュワート・ミルがいいました。ミルはさらにこうもいいます。「誰しも自分の力量の範囲で最善を尽くしている場合は、同等の価値が認められるべきだ」。

しかし、ミルのこの美しい論理にも欠点はあります。目に見える成果が異なる二人の人物について、彼らが両方とも自分の力量の範囲で最善を尽くしているかどうかをいったい誰がどうやって判定するのか、という問題です。また、才能をもつある人が、もしも才能の行使によってそれに相応《ふさわ》しい富を得られないなら、ちょっと手を抜いてしまうかもしれません。そこで失われる成果は、人類全体にとって大きな損失になるでしょう。こうなると平等は、人類全体にもたらされる厚生の総量を減少させる悪効果をもつことにもなるのです。

平等の問題は、経済学においても重要な課題の一つで、たくさんの研究が積み重ねられてきました。経済学における研究の特徴は、この問題をある程度「数学的に」追究する、ということです。数学を使うことによって、何を前提に（仮定に）議論しているかが明快になり、そして、ことばを使うよりも論理の道筋を誤解少なく共有できるようになるからです。以降、経済学者が提出した平等についての考察を追っていきましょう。

ベンサム＆ピグーの考え方

まず、ジェレミー・ベンサムやA・C・ピグーの主張を取り上げましょう。ベンサムは、いうまでもなく、「最大多数の最大幸福」を提唱した学者です。これを経済学のモデルとして表現したのがピグーです。ピグーは、第3章で解説した効用関数を利用しました。財やサービスをx単位消費して得られる効用（嬉しさ、喜び、刺激等）をu(x)という関数で表現し、この関数に「限界効用逓《てい》減《げん》」を仮定します（仮定1）。たとえば、ジュースを一本飲むときの効用はu(1)、二本飲むときの効用はu(2)、……となって、もちろん喜びは増加します。けれども、一本から二本へ飲む量を増やすことで増える喜びの量と二本から三本へ飲む量を増やすことで増える喜びの量を比べると、後者のほうが小さいと仮定するのです。ジュースは最初の一本はすごくおいしいけれど、飲むほどに

得られる「追加的な嬉しさ」が減少していくことは、誰にも異論がないでしょう。つまり、「増える分の効用」が、

$u(2)-u(1)>u(3)-u(2)>u(4)-u(3)>\cdots\cdots$①

であると仮定するわけです。このような「あと一単位消費を増加させたときに増える効用」は「限界効用」と呼ばれ、それが徐々に減っていく（逓減する）という仮定です。

この限界効用逓減の仮定は経済学では標準的ですが、残りの仮定はピグー特有のものです。今、非現実的ではありますが、社会は二人の人物だけからなるとし、それをAさんとBさんとしましょう。この二人で、全生産物を分配するとします（二人の人物しか考えないのは簡略化のためで、何人であっても結論は同じになります）。ここでピグーは、二人の効用関数がまったく同じものだと仮定しました（仮定2）。つまり、社会に属する人は、消費の好みに関して、まったく瓜二つであるとしたわけです。これは、はなはだ大胆な仮定でありますが、その評価はあとまわしにし、ピグーの次の仮定に進みましょう。ピグーは、「より良い社会」というものの基準を作り、その仮定のもとで議論を進めます。それは「Aさんの得る効用とBさんの得る効用の和がより大きいような社会が、より良い社会である」という定義です（仮定3）。効用関数を使って書くと、

「生産物の分配に対し、A、Bがa、bの消費をし、u(a), u(b)の効用を得るとき、u(a)＋u(b)が大きい分配の社会ほど良い社会である」

というふうになります。

以上三つの仮定のもとで、ピグーは次のような定理（ベンサム&ピグーの定理）を証明しました。

「もっとも良い社会は、AとBの間で生産物を完全に平等に分配する社会である」

証明をかいつまんで紹介すると次のようになります。

今、Aさんは富裕な人、Bさんは貧乏な人、とします。ここで、Aさんから一万円を強制的に取り上げ、Bさんに贈与することにします。このとき、Aさんは一万円分の効用を失います。一方、Bさんは一万円分増加した効用を得ます。ここで限界効用逓減の仮定と同じ効用関数をもっている仮定から、富裕なAさんの失う効用は、貧乏なBさんの得る効用より小さいので、二人の効用の合計は明らかに大きくなります。だから仮定3にしたがって、社会はより良くなる、ということです。

確率的発想の導入――アバ・ラーナーの考え方

以上のベンサム&ピグーの定理は、「平等な社会ほどより良い社会」ということを明快に論証したたいへん有意義な定理ですが、明快なだけに逆にその弱点もハッキリしています。

たぶん、皆さんも同じ意見だと思いますが、仮定2の「効用関数の同一性」はあまりにむちゃな設定だといえます。人はみなそれぞれ好みや感じ方が違いますから、生産物の消費に関してまったく同じ効用関数をもっている、とするのは現実離れしすぎています。「富裕者が自分には重要でない一万円を貧乏人にほどこす」ように感じた読者もいるでしょうが、一万円が富裕者には端金《はしたがね》で貧乏人には大金というのは、効用関数の同一性に大きく依存しているわけです。

そればかりではありません。仮定2を修正して、ちょっと現実に近づけようとすると、なんと結論が逆転してしまうのです。もしも、AさんとBさんの効用関数の形が違っているとしたら、不平等な分配の社会が「もっとも良い社会」となります。富裕者が一万円得ることで増加する効用が、貧困者のものより大きいなら、富裕者へのさらなる富の移転が社会の厚生を改善することになるからです。これでは、まったく同じ論理によって、正反対の結論が導かれてしまいます。

この弱点に対して、アバ・ラーナーという学者がみごとな改良案を提出しました。[19][20] 仮定2を変更して、AさんとBさんの効用関数が一般には異なるとした上で、同じ結論「平等な社会こそより良い社会」を導くことに成功したのです。

そのために、ラーナーは別の状況を導入しました。そうです。「不確実性」の世界です。ラーナーは、仮定2を次の仮定2′のように変更しました。

社会には不確実性があり、標本空間を$\Omega=\{a,b\}$、オッズを1：1とします。どんな不確実性なのかというと、AさんもBさんも自分の効用関数を知らず、それがステイトによって決定される、ということです。ステイトaが起きたら、Aさんは効用関数u(x)をもち、Bさんが効用関数v(x)をもちます。ステイトbが起きたら、その逆になります。ここで「自分の効用関数を知らない」というのを不思議な仮定に思うかもしれませんが、このことはこのあと、何度も出てくる考え方なので簡単に補足します。まず「自分が社会生活を始める前」、たとえば幼児の頃を仮想的に考えてみましょう。あるいは、社会生活を営んでいるにしても、学校を卒業して社会人になったばかりの頃は、自分が何が好きでこの先どうしたいのかを完全に知っているわけではありません。そういう経験不足が「自分の効用関数を知らない」ことなのです。

このように、モデルに不確実性が入りましたから、「より良い社会」を規定する仮定3も不確実性下の評価に対応できるように変更しなければなりません。第3章で解説した期待効用を利用しましょう。

「生産物の分配に対し、A、Bそれぞれの期待効用の和が大きい分配の社会ほど良い社会である」(仮定3′)

ラーナーは、このように仮定を変更した上で、

「もっとも良い社会は、AとBの間で生産物を完全に平等に分配する社会である」

を論証したのです。証明をかいつまんで説明しましょう。

今、一〇〇〇万の所得を二人で分けるとして、提案1は「Aさんに八〇〇万円、Bさんに二〇〇万円」とし、提案2は「Aさんに七九九万円、Bさんに二〇一万円」とします。どちらの提案のほうが社会をより良くするか、考えてみましょう。

提案1のときのAさんの期待効用を求めます。Aさんは確率〇・五で効用関数u(x)をもち、確率〇・五で効用関数v(x)をもつのですから、期待効用は、u(800)×0.5＋v(800)×0.5となります。同様にして、Bさんの期待効用は、u(200)×0.5＋v(200)×0.5です。したがって、社会のより良さの指標である「二人の期待効用の合計」は、{u(200)＋v(200)＋u(800)＋v(800)}×0.5となりま

す。同じように提案2について「二人の期待効用の合計」を計算すれば、$\{u(201)+v(201)+u(799)+v(799)\}\times 0.5$が得られます。では、この二つの数値のどちらが大きいのでしょうか。それは後者から前者を引いてみれば、一目瞭然となります。

（後者）－（前者）

$$=\{(u(201)-u(200))-(u(800)-u(799))+(v(201)-v(200))-(v(800)-v(799))\}\times 0.5$$

ここで、各カッコの中の差はまさに「限界効用」を表しています。すると限界効用逓減の仮定1から、第一のカッコの差は第二のカッコの差より大きく、第三のカッコの差は第四のカッコの差より大きくなります（一六二ページ①式参照）。これで後者から前者を引いたものが正であるとわかり、後者のほうが前者より大きいことが示されました。これが意味するのは、提案1よりも提案2のほうがより良い社会をもたらす、ということです。このようにして所得を高いほうから低いほうへ一万円ずつ移転していくことで、どんどん社会は改善されることがわかりました。以上が証明です。

このアバ・ラーナーの定理は、たんにベンサム&ピグーの方法の弱点をわずかに修正するだけのものではありません。この分析は、ベンサム&ピグーのそれとは次元を異にする、社会に対するとても深い洞察を含んでいるのです。それは、「不確実性というものが、社会にどんなかかわりをもち、何を示唆しているか」という洞察です。

アバ・ラーナーのモデルでは、「自分の効用関数がわからない」すなわち「自分が誰であるかわからない」時点での確率的な推論が基本に据えられていることに注意してください。人は、自我や自意識をもった時点では、もうすでに「確固とした誰か」になっており、「自分が誰であるかわからない」時点に戻って思考することはまったくありません。これは意識というものがもっている矛盾の一つです。人は「確固とした誰か」になる前には、いろいろな可能性があり、ものすごく幸福な人生を送るかもしれないし、信じられない不幸に見舞われた人生を送るかもしれなかったはずです。それはその時点では、不確実な確率的できごとでしかないわけです。しかし、「確固とした誰か」になった時点では、それらの可能性の多くは消去されてしまっており、思考の外側に置き去りにされています。そんなスタート時点に、判断の立脚点を置いたアバ・ラーナーの発想は、画期的であると同時に、大きな発展性を秘めている方法論だといえます。

所得という公共財――ホックマン＆ロジャースの考え方

さて、ベンサム＆ピグーの定理にまた戻りましょう。彼らの仮定には、もう一つ無理な部分があったことにお気づきだったでしょうか。それは、「より良い社会」の規定のために、「Ａさんの生活の喜びとＢさんの生活の喜びを数字で表して足し算する」ということです。たしかに、人間の効用を数字で評価することも、また別の個人の効用を足し算することにも抵抗があります。ぼくの喜び、足す、君の喜び、これはいったい何なんだ、といいたくなるのは当然です。

このような抵抗感を避けるため、経済学者たちは別の方法論を編み出しました。それは個人の内面にある好ましさの「順位」関係だけを表現することです。これを「**選好**」といいます。選好というのは、「こっちとあっちを比べれば、こっちのほうが好き」という価値判断で、数量的ではなく、また別の個人どうしを比較しませんから、多少受容されやすい考え方といえるでしょう。

ハロルド・ホックマンとジェームズ・ロジャースは、この新しい（選好を基礎とした）効用理論を利用して、平等化の思想がどこまで再現できるかチェックしたのです。[20][21]彼らは次のような仮定をしました。

「人々は次のような内面的な好み（選好）をもっている。自分の所得が相手の所得よりも低い場合には、相手の所得はどうでもよく自分の所得が高いことだけを好ましいと考える。しかし、相手の所得が自分より低い場合には、自分の所得が変わらなくても相手の所得が上昇するだけで好ましく感じる」。

これは人間のどんな内面性を表していると考えられるでしょうか。

もちろん、「慈悲」のような感情であると考えることもできます。自分に余裕がある限りにおいて、貧しい人の所得が上昇することが自分にも嬉しさを与える、そういうふうに読み解くことも可能です。また、もっと功利的にこんなふうに解釈することも可能です。貧しさはときとして、地域の景観を低めたり、犯罪を誘引したりするし、あるいは不衛生から伝染病を蔓延《まんえん》させることもある。これらは、貧しい人ばかりではなく、余裕のある人々にも不利益をもたらすだろう。だとすれば、貧しい人の所得の上昇は、景観を回復させたりリスクを軽減させたりすることを通じて、余裕のある人々の厚生を高める。このような選好を仮定すると、「Aさんの所得がx、Bさんの所得がy」

という状態へのAさんの好ましさはu(x,y)という二変数関数で表されることになります。つまり他人の所得が自分の効用に影響をもつのです。

以上のような選好を仮定するとき、富裕者から貧困者への富の移動は、明らかに貧困者の効用を上昇させるのみならず、また同時に富裕者のほうの効用も増やす可能性があるのです。どうしてかというと、富裕者は自分より所得の低い人の所得の上昇を「自分の内面的好ましさ」と受け取り、自分の所得減少の不快をおぎなって余りあることがありうるからです。

つまり、所得の移転を富裕な人も貧乏な人も両方とも個人として受け入れる「可能性がある」ことが示されました。これが、ホックマン&ロジャースの結論です。

以上の議論のポイントは、貧困者の所得の上昇が景観やリスクや人々の気持ちを改善する効果を通して、富裕者の効用も高める、という点です。これは実は「**公共財**」の効果と同じなのです。普通の財は、消費する個人だけが効用を得ますが、公共財は同じ一つの財からそれにかかわる全員が効用を受けることができます。典型的な例は、警察による警備、消防署、テレビ放送、電信電話、自然環境などでしょう。これらが与える利益は、私物化されることはなく、社会の構成員全員が浴することになります。このような観点でいうと、ホックマン&ロジャースの議論では、所得というものを一種の公共財のごときものとして扱っている、とわかります。このような公共財の働きというのは、このあと繰り広げる議論の主役の一つになりますので注目していてください。

ロールズの『正義論』

ジョン・ロールズが著した『正義論』が、二〇世紀後半を代表する思想の一つであることに異議を唱える人はいないでしょう。ロールズは、ハーバード大学の教授であり、ヒューム、アダム・スミス、ベンサム、ミルなどに代表される古典的経験主義哲学の伝統を現代によみがえらせる研究をしました。ベンサム、ミル、シジウィックの功利主義的な公正原理を批判しつつ、それを発展させる思想を構築したのです[22]。

ロールズの論考は、功利主義の批判から始まります。とりわけ、人々の効用の値を足し算して、その最大化を測ることを拒否します。なぜなら、もしそういうことが許されるなら、貴族制度や奴隷制度やカースト制度などを含むあらゆる制度が、人々の効用の合計が最大である限り信任されてしまうことになるからです。そんな批判の上で、ロールズが提唱した公正の原理は、次の二つのシンプルな原理からなります[23]。

第1原理（自由の優位）

各人は、他人の同様な自由と両立する限りで、もっとも広範な基本的自由に対する平等な権利を有する。

第2原理（格差原理）

社会的・経済的不平等が許容されるとしても、それは（a）もっとも不遇な人々の利益を最大限に高めるものであり、かつ（b）職務や地位をめぐって公正な機会均等の条件が満たされる限りにおいてである。

読んでわかるように、第1原理は自由を保証するいわば政治的な側面で、第2原理は社会的厚生を規定するいわば経済的な側面となっています。本書の性格上、第2原理のみにしぼって考えていきたいと思います。

『正義論』でロールズは、社会厚生について、ストレートにして端的な提案をしています。それは、「もっとも不遇な人々の利益を最大限に高めることを目標とし、その目的の限りにおいて不平等は是認される」ということです。この格差原理は、二つの意味で画期的です。一つは、不平等を条件つきで是認していること。第二は、もっとも不遇な人々の厚生を高めることに主眼を置いていることです。この「もっとも不遇な人々の厚生を最大化する」という原理は、「**マックスミン原理**」とも呼ばれ、非常に特徴的です。しかも、ロールズは、この原理が、論者がかくあるべしと掲げるたぐいのものではなく、おそらく個人によっても集団社会によっても合理的に積極的に採用されるものであること、つまり一種の「定理」であることを主張しているのです。

マックスミン原理の論証

ロールズはもちろん、唐突にマックスミン原理をもち出してきているわけではありません。最初は、社会のあらゆる人に対する厚生のありかたに注目しています。『正義論』の最初のほうに現れる格差原理の言説は、

「社会的・経済的不平等が許容されるとしても、それは（a′）あらゆる人に有利になると合理的に期待できて（以下同じ）」[23]（傍点引用者）

となっています。この（a′）から、さきほどの（a）を論理的に導出するような手続きを取っているのです。どのように論証するのか、というと、ホックマン&ロジャースの方法と類似した選好理論を使っています。今、（x,y）の、xを富裕なAさんの所得、yをもっとも不遇なBさんの所得としましょう。このとき、「社会の選好」は次のようになる、とロールズは仮定します。

（a′1）完全に平等である一つの分配から片方だけが所得があがっても、社会の良さは同じである

（a′2）完全に平等である一つの分配よりも好ましいのは、双方共に所得が大きくなる場合である

これは「社会的・経済的不平等が許容されるとしても、それは（a′）あらゆる人に有利になると合理的に期待できて」ということをさらに細かくいい換えたものにすぎません。この「社会の選好」の仮定から、マックスミン原理が導出されます。おおざっぱになりますが、具体的数値で解説することにしましょう。

いま、富裕者Aさんと貧困者Bさんの所得x万円、y万円を次のように（x,y）というペアで表現します。その上で、AさんとBさんの二人によって成立する社会として、実現可能な富の分配は次の五つだと仮定しましょう。

(1000, 10), (1200, 30), (1400, 50), (1600, 40), (1800, 20)

わかりやすくするため、Aさんの所得が小さい順に並べてあります。これらの社会のうち、どれが一番好ましいかを上記の選好から特定することにします。まず、（a′1）から、（10, 10）と（1000, 10）の社会は同程度に好ましいことに注意しましょう。Bの所得が同じままでAの所得が上昇しているにすぎないからです。したがって、第一のものは（10, 10）に置き換えても、選択肢の好ましさは変化しません。同様な方法で、第二から第五も置き換えてしまうと、右記の五つの選択肢は、

(10, 10), (30, 30), (50, 50), (40, 40), (20, 20)

という中から選択するのと変わらないといえます。ここで（a′2）を使いましょう。この五個の中でもっとも好ましいのは、（50, 50）ということになります。他のどれよりも二人とも所得が多くなっているからです。したがって、もとの五個でいえば、（1400, 50）の分配の社会がもっとも好ましい社会だと証明されたことになりました。これはよく観察してみれば、貧困者Bさんの所得が最大になっている分配です。

以上のステップをよく見直してみると、一般的にも同じことが導けることがわかります。

このようにして、ロールズはさきほどのような社会の選好（a′）から、マックスミン原理を導出したのでした。つまり、ロールズは慈悲やほどこしの感情でマックスミン原理を主張しているのではなく、数学的な仮定を置けば必然的に導出される原理と見なしているわけです。

ところで、ロールズはこの「もっとも不遇な人たち」というのを、どういう人たちだと考えているのでしょうか。次のように、三種類の偶然性によるものを選出しています。

① 生まれついたときの家族と階級が他の人々より不利な人たち
② 生来の資質があまり良い暮らしを許さない人たち
③ 人生の岐路における運やめぐり合わせが幸せ薄い結末に終わる人たち

ロールズは、右の基準にせよ他の基準にせよ、もっとも不遇な人たちの選出は恣意的《しいてき》でアドホックなものにならざるを得ないことを正直に告白しています。けれども、少なくともこの基準を眺めれば、ロールズが社会で獲得される富について、どんな認識をもっているかが、いくぶんかはわかってくるでしょう。①は、社会において資産やコネクションなどが富に影響を及ぼすことを示唆しています。また②は、知的能力や運動能力が低いことが、偶然の結果であり、本人の責任ではないことをほのめかしています。そして③は、普通「自己責任」と呼ばれ本人の責任に帰されるたぐいの失敗や破綻が、必ずしも切って捨てられるべきものではなく、偶然による不運として同情される余地があることを主張しています。それは裏返せば、社会的成功で富を得た人も、それがすべて本人の努力の結実とはいいきれず、たんなる偶然の所産である、という考えを暗示しているともいえます。実際、「生来の才能の分配や社会環境の偶然性は正義にもとる」とまで書いています。ロールズは、このように、いかなる「偶然の所産」も一切認めないスタンスを取っているのです。

原初状態における無知のヴェール

ここまでの解説で、もうお気づきのことと思いますが、ロールズの格差原理が論証の基点に置いているのは、「生まれてくる前の、あらゆる偶然が作用する前の状態」なのです。それは**「原初状態」**（専門的には「オリジナル・ポジション」）と呼ばれ、古典的な契約論において市民社会的権利が相互に合意される場、という概念を意味しています。そのとき、重要な概念として、**「無知のヴェール」**という視点が提示されます。それは、原初状態の人間が知識や知能、認識などをほとんどもたない、という仮定です。つまり原初状態の人間は、自分の社会における地位や階級上の身分を知りません。また、生来の資質や能力や分配に関する自分の運を知りません。さらには、自分の心理の特徴や自分がどの世代に属するかも知りません。つまり、自分がどんなタイプの人間になるか、どんな実力の人間になるか、どんな運命の人間になるか、それを知らないでいる原点が無知のヴェールの背後にいる状態なのです。

こうして、このような原初状態にあり無知のヴェールの背後に置かれた人間が選択する社会制度こそが、マックスミン原理であろうことを、ロールズは論証していくわけです。こう読み解いてみると、原初状態の発想はまさにアバ・ラーナーと同じ視点にたっていることがわかります。ただ、ラーナーと違うのは、ラーナーが期待効用を基本に据えたのに対して、ロールズは「原初状態にある人間は今後に自分に降りかかるできごとの確率さえ知らない」という仮定を置いていることです。このことを「当事者はどのような性質の社会になりそうであるか、あるいはそこで自らがどんな位置に属しそうかを決める基礎をもたない。彼らはまさに確率計算の基礎をもたない」と表記しています。ロールズは、この「確率的にさえも無知」を仮定することで、期待値計算や期待効用計算を遮断《しゃだん》したのでした。それはロールズの、ベンサム、ミル、ピグーたちの功利主義的方法論に対する批判的スタンスの現出でもあるわけです。

基本財という考え方

無知のヴェールの背後にいる原初状態の人間の知識を非常に限定した上で、ロールズは彼らにどんな知識を与えたのでしょうか。まず、ロールズは彼らを「道徳的人間」であると仮定します。道徳的人間とは、何が公正であるかという原則を理解し、積極的にそれを実践していく能力と実力をもち、何が自己の人生の目標であるかを考え、必要とあらば訂正し、合理的にそれを追求していく存在のことです。その道徳的人間が目的とするものが、「**基本財**」と呼ばれるものなのです。

基本財というのは、人間が社会生活を営む上で、個人の嗜好や性癖とは独立に万人にとって重要視されるものです。生命、健康、知性、想像力といったもので代表される「自然的基本財」と、自由、基本的人権、職につく権利、所得と富、自尊といった「社会的基本財」とに分類されます。簡単にいえば、例外なく誰もの生活や精神、自尊心の根底をなす「公共的な財」だと想像すればいいでしょう。この基本財の獲得と実現が、道徳的人間の最重要の目標であるとロールズは仮定しました。

その上でロールズは、マックスミン原理が「社会的選好の最適化」だけではなく、「個人の選好最適化」としても実現されることを論証します。さきほどの証明が、「社会の選好」つまり「より良い社会の定義」から行われたことをもう一度確認してください。つまり、「より良い社会をこう定義すれば、マックスミン原理が最適状態として採用される」ということが論証されたにすぎず、個人個人もそれを喜んで受け入れるかどうかまでは考慮されていませんでした。しかしロールズは、無知のヴェールと基本財の概念を導入することで、個人個人もマックスミン原理を受け入れる、という論証を目論《もくろ》んだわけです。それはどんな論理なのでしょうか。

人は、原初状態にあっては、無知のヴェールの背後にたたずんでいます。このとき、自分がどんな地位や階級や才能や嗜好をもっているか、まったくわかりません。そして、自分がどんな世代に属し、どんな人間になり、どんな運命をたどるか、確率的にさえわかりません。また、相互に無関心であり、他人がどんな人たちでどんな目標をもっているかも知りません。ただ一つ知っていること、それは、自分がどんな人間になるにしても、どんな社会に生きるにしても、基本財については、それが人生にとって必需にして最重要のものであること、そして、それは万人に共通であること、それだけなのです。

今、この基本財だけを最低限享受しているだけの人を、「もっとも不遇な人」と規定してみましょう。そして、読者諸氏も、この原点に自分がたたずんでいることを想像し、これから身を投じる社会に望むことは何であるか、それを考えてみてください。多くの方が、こういう結論を出すのではないでしょうか。この基本財の配分の保証ができるだけ多くなるような、そういう社会が望ましい、と。これこそが、ロールズが目論んだマックスミン原理の論証であると、筆者は理解しているのです。

マックスミン原理とナイトの不確実性

さて、以上でロールズの思想の解説は終了しました。もう一度かいつまんで説明しておきましょう。ロールズが、原初状態にある個人が社会を見る視点として前提としているのは、次のようなことです。社会に生起するできごとが不確実であり、さらにはその不確実性は期待効用を基礎とした確率計算になじまず、また、その不確実性は物的客観的な原因からやってくるのではなく、知識の不足（無知）からやってくる、そういうことです。この前提を眺めるとき、これが不確実性に対する視座として非常に深い思索の産物であると感じられると同時に、かといって数理的分析を徹底的に拒絶するたぐいのものではなく、うまくすると数理的方法からアプローチしうるものではないか、とも感じられます。そして、もしも現時点の確率理論でロールズの認識に肉薄できるものがあるとすれば、それはコモン・ノレッジ理論を包含した意味でのナイト流不確実性なのではあるまいか。そういう予感がしてくるはずです。

第5章で、「エルスバーグのパラドックス」が典型的な例である「不確実性回避」という性向を解説しました。不確実性回避は、複数の信念をもってマックスミン原理にしたがって行動している、と見なすことができます。何という偶然か、そこにすでにマックスミン原理が登場していたのです。もちろん、不確実性回避におけるマックスミン原理は、ロールズのいう「もっとも不遇な人の利益を最大化する」ということと直接関係するわけではありません。しかし、二つのロジックをよくよく比べてみると、根底に通じている発想、つまり不確実性に対する認識が、確率の加法性を拒否する点で類似していることに気づくのではないでしょうか。また、ロールズが設定している不確実性は、物理的に生じるたぐいのものではなく、人が他人や社会との関係で知が及ばないという意味での、無知、情報の不足、そういったものに起因するものです。このような人間関係の複層的な不確実性を描写するものが、コモン・ノレッジだったのではなかったでしょうか。

以下、ロールズのマックスミン原理が、社会の選好からではなく、個人個人の意思決定からも選択されうることを、ナイト流不確実性理論を利用して説明していきます。ただ、事前に断っておきたいのは、筆者のこの論法が、ロールズ原理を正当化するためのものというよりはむしろ、ロールズ原理にあてはめることによって不確実性回避とコモン・ノレッジという概念の、その数理的手法としての切れ味を試すための思考実験である、という点です。

どのような社会設計が望ましいのか

今、社会を構成する人々にAさん、Bさん、Cさん、……と名前をつけておきます。また、彼らがみな原初状態に置かれ、無知のヴェールの背後にいるとします。これから彼らが生活していく社会がどういうものかは、不確実性モデルとして表現されているとしましょう。標本空間はΩ＝{1,2,3,4,……,N}となっていて、Nは非常に大きな数だと想像しておいてください。

まず、これらのステイトがどんな感じのものかを説明しておきましょう。たとえば、あるステイトは、以下のような社会の状態を表すとします。「Aさんは、サッカーの能力に優れ、Bさんは学問能力が高く、Cさんは人々に愛される容姿をもち……」。また、別のステイトはこんなふうです。「Aさんは商才に長《た》け、Bさんは豪傑で、Cさんは戦闘能力が高く……」。このようにすべてのステイトがおのおの社会の構成要因の資質や能力や運命などを取り決めているとするのです。

それらの中でステイト1からステイトmからなるイベントPは特別なステイトの集まりであると仮定します。それは誰かの基本財にかかわるステイトなのです。たとえば、Pの中のステイト1は「Aさんが健康を損ない、……」、ステイト2は「……、Bさんは知的に不利な状態であり、……」、ステイト3は「……、……、Cさんの居住地の空気は著しく汚染され、……」といった具合です。ΩからPを取り除いた集まりをQとしておきます。Qは基本財でない、人々の個人的な性癖や嗜好に関係することを決めるものと思ってください。

さてここで、どのような社会設計が構成員おのおのにとって望ましいかを考えてみましょう。「社会の設計」というのは、Ωのおのおののステイトに対して、そのときAさんにどれだけの富を与え、Bさんにどれだけの富を与え、……とすべての構成員の富を決めておくことであるとします。たとえば、あるステイトのときは「Aさんは一〇〇〇万円、Bさんは三〇万円、Cさんは二五〇万円……」、別のステイトのときは「Aさんが二〇万円、Bさんが五〇〇〇万円、Cさんは八〇〇〇万円……」といった具合に全ステイトについて決定しておくわけです（これは専門的には確率変数と呼ばれるものです）。社会設計には制限があるものの、非常にたくさんの種類があります。それらの社会設計をf1, f2, f3, ……と書いておきましょう。ここで、制限というのはこういうことです。ステイトが決まって、構成員のそれぞれの資質や能力が決まれば、生産できる富の総量は決定します。その総量を超えて分配することはできない、そういう意味です。その制限内で可能な社会設計たちの中で、人々が個人個人としてどんな設計を選択するかを考えようとしているのです。

一つの社会設計が選ばれたあと、Ωのいずれかのステイトに社会の状態が決定されます。したがって、Ωのもつ不確実性の構造を、構成員たちがどう思い描いているかは重要なことです。構成員たちはこの不確実性モデルに、それぞれが勝手なオッズをもっているのですが、どういう「確率的」推測を割り当てるかについては、次のような仮定を置きます（オッズと確率は同じでないことを思い出してください）。それは、第6章で解説した「コモン・ノレッジによる不確実性回避」の推測なのです。これはどういう仮定かというと、人々が無知のヴェールの背後にあって隔絶されていても、社会における生産や分配が集団において行われることは理解しており、したがって、コモン・ノレッジがきっと集団的帰結の要《かなめ》になるだろう、そういう仮定です。

人々がコモン・ノレッジによる不確実性回避をもっているときに重要になるのは、基本財です。ロールズのいう基本財とは、人間の精神や尊厳や基本的人権に欠かすことのできない財のことでした。

　するとΩの中でこれにかかわるステイトは、コモン・ノレッジになることでしょう。なぜかというと、たとえば、ステイト1「Aさんが健康を損ない、……」が起きた場合、それは基本財にかかわるのでAさんに見分けることができるのは当然として、Bさんも「Aさんが健康を損なったこと」は認識できるでしょう。さらには、そのことをCさんも認知するし、またそれを再びAさんが知っており、という知識の複層構造が成立していいはずです。というより、このようなコモン・ノレッジを成立させるようなステイトこそを、基本財Pと定義するわけです。

　さて、以上のような環境のもとで、人々はf1, f2, f3, ……の中でどんな社会設計を望むでしょうか。ここで「集団性によるコモン・ノレッジの不確実性回避」というものが、「あたかも一人の人間が、複数の信念をもち、そのもとでマックスミン原理から行動を選ぶ」のと同一であったことを思い出してください。イメージするには、エルスバーグの第二の実験が適当です。赤三〇個、黒、黄合わせて六〇個の球からなる実験でした。これでは、赤は確率が三分の一とわかりますが、黒・黄についてはマルチプル・プライヤーが割り当てられました。今のモデルでいうと、コモン・ノレッジである基本財にかかわるPのステイトたちに関しては確率が（個人個人で）わかりますが、他の（Qの）ステイトたちについてはマルチプル・プライヤーが割り当てられてしまうのです。そうすると、Qのどのステイトたちにも、かならずそれを過小評価する信念が存在していることでしょう。だとすれば、Qの中のステイトが起きたときに所得が高くなるような社会設計には、どの人も同意しないはずです。なぜなら、その所得が起きる確率を小さく見積もる信念がマルチプル・プライヤーに存在しているからです。

これが示唆するのは、基本財のかかわるPの中のステイトに比較的高い所得を保証するような、そういう社会設計を全員が好むに違いないということです。ところで、基本財にかかわる部分Pで欠如をもつことは、「もっとも不遇な人となる」ことと同値ですから、以上の選択は「もっとも不遇な人の所得を最大化する」社会設計を選ぶことに他なりません。

以上、非常に抽象的になりましたが、ロールズ原理と不確実性回避との関係を明らかにできたことになりました。

ロールズの死を悼む

二〇〇二年、ロールズは八一歳の生涯を終えました。しかし、ロールズの思想はそれよりずっと以前に「死んでいた」と評されているようです。それは、社会的弱者への福祉国家的再分配を論証する『正義論』が、さまざまな批判にさらされたあと、結局、彼自身がその哲学的正当化を放棄してしまったことに対する評価です。

たしかに、哲学的議論ではともかく、数理的な枠組みとしては、覆《くつがえ》すのが難しい反論を浴び続けました。当時の確率論や意思決定理論では、『正義論』の発想は論証しにくいものでした。けれども、確率論や意思決定理論もまた、現実への適応性の不備を指摘され、それを解消しながら、革新を続けていることも見逃すべきではありません。ナイト流不確実性しかり、コモン・ノレッジしかりです。そんな展開の先に、『正義論』を正当化できる数理的な枠組みが生まれてこない保証はどこにもないのです。いつか血気盛んな気鋭の数理経済学者たちによってロールズ原理がきちんと「証明」される、そんな日を待ち望んでやみません。

第8章 経験から学び、経験にだまされる
～帰納的意思決定

死ネバ 馬鹿モ 治ル
宗 修司 (Soh Band「Death Cures Even Idiots」)

「過去の経験」を理論化する

本書では、前章までずっと、確率のことを中心に論じてきました。わたしたちが生きるこの世界には、それが「これから未来に起きる」ゆえに、あるいは、「起きてしまったが結果に対して十分な知識がない」ゆえに、不確実性が存在します。確率とは、この不確実性に対して、「推測」という形で現れる思考でした。とりわけベイズ主義の推測理論では、確率というものは人間の内面に生じる主観的なものであるとされ、人々の利益追求行動の中から二次的に表出するものと考えられています。けれどもこれでは、人間が何をもとに確率を見積もるのか、どんな戦略で行動を決定するのかを明確に記述することができません。

その一方、わたしたちが推測を形成したり行動決定をしたりするときには、「経験」を重んじるのはあたりまえのことです。わたしたちは、「過去の経験」というものを所持しており、それは変わることなく、あたかも辞書のように自分に示唆を与えるだけではなく、ときには自分を束縛することもあります。「過去の経験」、「記録されたデータ」は、推測の中で本質的な役割を果たしているのです。

頻度主義の推測理論は、「記録されたデータ」を基本に据えています。統計的オッズは、過去のデータの蓄積から得られ、大数の法則にバックアップされます。頻度主義をベースにした推定理論は、ある意味では、「経験から引き出す推論方法」だと捉えることができるでしょう。だからそれは、「こうすべきである」とか「こうしたほうが妥当だ」とか「こう考えるとメリットがある」といった規範的な意味合いをもっているわけです。

それに対して、ベイズ主義の推定理論にはこのような側面がありません。主観的な確率理論とは、基本的には「人はこういう好みをもっている」とか「人はなぜだかこういう行動をする」というふうに説明する理論でしかありません。それは記述的な意味しかもたず、「なぜそうなのか」、「そうやると何の得があるのか」、そういった視点は意図的に排除されているのです。しかし、このような記述的な推測理論でも、「過去の経験」が重要なモチーフであることには変わりがありません。これを無視しては、人間の思考様式を十分には記述できないからです。そこで最近になって、ベイジアンたちの中にも、「経験から引き出す推測」を理論化しようという動きが出てきました。

一つの重要な研究は、(第5章で紹介した、ナイトの不確実性の開拓者でもある) ギルボア&シュマイドラーによって提出されました。それは、ベイズ主義の枠組みで発表された**「事例ベース意思決定理論」**というものです。[24] またもう一つの方向性が、金子守と松井彰彦によって開拓されつつあります。それは、ゲーム理論の立場から構築されている**「帰納論的ゲーム理論」**です。[25] 手前味噌になりますが、筆者もまた、この方向性での研究をずっと続けている一人なのです。

類似度関数で女性を口説く

ギルボア&シュマイドラーが「事例ベース意思決定理論」でテーマにしているのは、「人間は未知の問題にぶつかったとき、自分の知識と経験の中から類似の問題を抜き出して、その結果を踏まえて行動の良し悪しを判断するだろう」、ということです。

たとえば、ある先生の期末テストを受ける前には、多くの場合、その先生の過去問を集めて、現在の試験分野に照らして、類似性を発見し、ヤマをはるものでしょう。また、異性に恋愛感情を抱いているときの行動にも同じ方法が見られます。相手が自分に抱いている気持ちを知りたい、どんな好意を喜ぶかを知りたい、という想いから、過去につきあった異性たちから似ている人を探し出し、彼らが示した反応の経験を参考にするでしょう。こんな日常的な作業を数理化する試みが、「事例ベース意思決定理論」なのです。

それは次のような数学的構造になっています。

今、ある意思決定の問題Pに直面しているとします。たとえば、Pを「P子さんを口説く」という問題だと想像すればいいのです。この問題Pでは行動aかbを取ることができ、どちらが最適かを考えているとします。aは「愛していると連呼して、プレゼント攻撃をしかける」、bは「友だちのスタンスをとって、まめに相談に乗る」などと考えてください。このとき意思決定者は、過去に経験している、行動aまたはbを取った類似の問題を捜します。そこで類似の問題Q、R、S、Tの四つが見つかったとしましょう（それぞれ、Q子、R子、S子、T子を口説いた経験です）。QとRでは行動aを、SとTでは行動bを取ったとします。結果として、それぞれq、r、s、tの利益が得られました。この経験から、問題Pにおける行動をどのように選ぶかについて、ギルボア&シュマイドラーは次のような計算を与えました。

まず、類似度関数というものをもち出します。これは、意思決定者が内面において問題PとQ、PとR、PとS、PとTを比較し、その「似ている度合」を0以上1以下で数値化したものです。

たとえば、それぞれ〇・五、〇・六、〇・八、〇・三を割り当てたとしましょう。このとき、

行動aの評価値＝q×0.5＋r×0.6

行動bの評価値＝s×0.8＋t×0.3

として、この評価値が大きいほうの行動を選ぶ、というのです。

このような事例ベース意思決定は、非常に自然な考え方です。ある問題に直面して、ある行動を取るかどうか考えている場合、過去の類似した事例を思い出し、類似した問題で同じ行動を取ったときの利益を、その似ている度合に応じて加重平均して、大きいほうの行動を選択する、これは人間が多かれ少なかれ行っている行動です。

また、ある意味でこの考え方は、頻度主義の意思決定理論とも整合的だといえます。たとえば、つぼから出る球の色が赤か黒かを当てるゲームを考えてみましょう。当たれば三万円もらえるとします。このゲームでどちらに賭けるかを考えるとき、過去の経験を参考にするでしょう。同じゲームにすでにたくさん参加していれば、それは問題群として、類似度一・〇を割り当ててかまいません。したがって、「赤に賭けることの評価値」は、赤に賭けたときの賞金（ゼロ万円か三万円）を合計して0＋3＋3＋0＋3＋3＋……などと得られるでしょう。「黒に賭けることの評価値」も同じです。事例ベース意思決定では、「赤に賭けることの評価値」のほうが多い場合、赤に賭ける選択をします。これは何を意味するのかというと、まさに、赤に賭けたときの賞金総額のほうが黒より多かった、という事実なのです。それは結果として、頻度主義が推定する赤と黒の確率の大小と同一

になります。つまり、普通の期待値基準と一致することになるというわけです。

この理論について、ギルボア&シュマイドラーは次のような位置づけをしています。通常の確率理論というのは、標本空間Ωとそのステイトたちへのオッズ L（Ω）から構成されます。そして、ナイト流不確実性理論というのは、Ωは与えられているがオッズがわからない世界での意思決定の方法を提供するものと見なすことができます。それに対して、事例ベース意思決定理論は、標本空間Ωさえもわからない環境での方法論なのです。問題Pでは標本空間Ωを提示していないことを思い出してください。意思決定者は、ステイトたちが何かを知らずに経験との類似性だけで行動を決めています。

経験を基礎とするゲーム理論

以上のギルボア&シュマイドラーとは根本的に違う考え方を提案したのは、金子&松井です。彼らの帰納論的ゲーム理論では、プレーヤーたちのゲームの構造についての知識が完全ではなく、プレーヤーたちはそこで「ゲームの構造を勝手に想像する」と仮定をします。これもわたしたちが普段行っている日常的な作業の一つと思っていいでしょう。たとえばビジネスにおいて、各業界にはそれぞれ独特のルールがあるものです。わたしたちは、一つの業界に飛び込んだとき、その本当のルール（掟《おきて》）は知らないまま、いろいろな行動や経験からルールを想像し、振る舞い方を学習していくのが常です。このときもしかしたらルールを勘違いしているかもしれないけれど、それでも踏みはずさない各自の決めごとというのはありうるでしょう。金子&松井のゲーム理論は、そういうことをモデル化したものだと思ってかまいません。

しかし「勝手に想像」とはいっても、その想像にはある程度の合理性が仮定されます。それは「その想像は経験と矛盾しない」という仮定です。金子&松井は、プレーヤーが想像しているゲーム（個人モデルと呼ぶ）において、行動の帰結が合理的戦略として解釈できる、その限りにおいてその個人モデルは「整合的」である、と設定しています。

さて、彼らはこのモデルを用いて、何を表現しようとしたのでしょうか。それは、驚くべきことに、「差別」の問題でした。ゲーム理論という枠組みで、このようなデリケートな人権問題を扱うのは、非常に珍しいことだといえます。

彼らが論証したのは、「偏見が差別を生むのではなく、差別が偏見を生むのだ」ということでした。彼らは、何の根拠もないところに「棲み分け」「タイプの分離」としての「差別」が起こるようなゲームを準備します。そして、そのゲームのプレーヤーたちが結果を経験によって正当化する場合、整合的な個人モデルによって「偏見」（想像上のゲーム）が生じうることを説明しました。つまり多数民族は、少数民族と同席するときに自分たちの利得が低下する原因が、自分たちの非友好的態度にあるにもかかわらず、それをあたかも少数民族がもたらす直接的な害悪であるかのように「空想」します。そしてその「空想」が経験からは否定されないことから、それを信じきってしまうわけです。

このモデルは、人が経験から推論を行うこと、そして、そこには過誤（あるいは思い込み）が生じうること、さらにはその過誤はときとして「差別からの偏見」といった深刻な問題を生み出すことを、理論的に提示した画期的なものだといえます。

帰納的推論と演繹的推論

ギルボア&シュマイドラーのモデルも、金子&松井のモデルも、「帰納的」な推測理論だと評することができます。大きく分けると、推論方法は演繹《えんえき》と帰納とに分類することができます。演繹的推論というのは、たとえば、「すべての人間は死ぬ。したがって、自分も死ぬ」というような「全体から部分へ」という限定形式で進んでいくような、いってみれば数学的な論理展開です。それに対して、帰納的推論は、「昔からずっと、朝になれば太陽が昇った。だから、明日の朝も太陽は昇るだろう」というような「部分から全体へ」という形式で行われる論理です。

演繹的推論は、形式論理の意味では「常に正しい」のですが、それだけにそれほど役にたつ推論ではありません。それに対し帰納的推論は、部分的結果から全体に対して判断を下すので、過誤が生じることは避けられないのですが、だからこそ逆に、結論の信頼性いかんでは非常に有益であるといえます。現代の意思決定理論において、帰納的推論の研究がさかんになってきたのは、このような問題意識からだといっていいでしょう。

人はこのように迷信やジンクスに縛られる

最後に、「論理的選好」という筆者のアイデアを紹介します。(26)

これは「経験を参考に行動を決定する」モデルの一つですが、ギルボア&シュマイドラーの事例ベース意思決定における「類似度関数」を特定化するものであり、また、金子&松井の帰納論的ゲーム理論をもうすこし一般化するものです。

テーマとしているのは、「人は何らかの理屈をもっていて、その理屈から行動を決定しているのではないか」ということです。人の心の中には、「こういうケースでは、こうしたほうがいい」といった「理屈」がやまほどあり、この理屈に状況を照らして行動を選択するのだと仮定します。これは、ギャンブラーの選択の中などに典型的に見られます。少なからぬギャンブラーたちは、たとえば、競輪において、レース展開を論理的に読み、その帰結として勝者を想像し、それに賭けます。彼らに語る機会を与えれば、自分の予想の正しさの「証明」を饒舌《じょうぜつ》に語り出すでしょう。

佐藤正午の競輪小説集『きみは誤解している』の主人公たちの考え方にその一端を見ることができます。(27)主人公たちは、レースの展開を、これまでのレースを見てきた経験や、選手の性格、人間関係などから、こと細かに予想し、一本のレースをシミュレートします。彼らの選択の方法は、確率と報酬（の効用）を掛けて合計した期待値（期待効用）の考え方とはまったく異なっています。多くの人は自分の推測を、期待値計算ではなく、「理屈で証明する」ものなのです。

よく目にする光景ですが、人はこれから起きるできごとについての予想が他人と食い違ったとき、

「じゃあ、いくら賭ける？」という問いかけをします。お金が欲しいから、お金を増やしたいから賭けるのではなく、自分の論理の正しさを「証明する」ために賭けるのです。金額は、その論理の正しさについての自信のほどを表しているといえます。

人生についての選択を人が語るときも、多くの場合、このような言説をとります。「これからは勤続年数だけで昇給する時代ではないから、資格をとっておくべきだ」とか「資格をもっていても、チームプレーができない人間は取引からはずされるから、勉強より遊びが大切だ」とか、さまざまな理屈を積み重ねて、将来を読み、人の行動を読み、自分の人生のスタンスを決めたりします。このような決断の方法は、期待値計算とはおよそ程遠いものです。この思考様式をモデル化しようとする試みが、論理的選好理論なのです。

この論理的選好にとって重要なのは、「経験」ということです。人が内面にもっている理屈は、それが自分個人の経験と整合的でなければ、信じることができないでしょう。逆に、経験がすべて説明されるなら、人は当座その理屈に信頼を置くことでしょう。

多くのギャンブルについて、人々の見方が分かれ、それによって賭けが成立するのはこのおかげだと考えられます。ギャンブル場に集まった多くの人は、これまでの賭けでの経験が異なり、それをサポートする理屈をそれぞれにもっています。ここに見解の相違が生じ、Aに賭ける人もその反対に賭ける人も出るわけです。第1章で紹介した「第1レースで9の数字が出た日は、9の番号に賭けるといい」と信じている人や「パチンコでリーチがかかったときは、台を叩くといいのだよ」

などという人は、完全に不合理なわけではなく、彼らの経験を何らかの内的理屈がサポートしているわけです。

フォーマルかカジュアルか——服装を決めるまでのプロセス

論理的選好の枠組みは次のようなものです（ここで出てくる「公理系」というのは、数学の用語です。たとえば幾何における「二直線が交わるならば、それは一点においてである」のような、無根拠で前提とされる「ルール」の集まりのことです）。

（条件 i）人は内面的に、「公理系」と「過去の経験の蓄積」をもっている

（条件 ii）人は内面の「公理系」を現状況にあてはめて、行動Aが行動Bに勝《まさ》ると「証明可能」なら、行動Bという選択肢を捨てる

（条件 iii）iiのように行動を捨てていって残る行動が一つなら、それを選ぶ。複数残った場合は、それらに適当なオッズを割り当て、でたらめに行動を一つ選ぶ

（条件 iv）自分の内面の「公理系」は、自分の「経験」と矛盾してはならない

この四つの条件を満たす内面的な理屈こそが「論理的選好」なのです。

例をあげてみましょう。今、ある人がある集まりに行くとき、フォーマルな格好をすべきか、カジュアルでいいかを迷っているとしましょう。この人の内面に、たとえば、次のような公理系が存在しているとします。

公理X　「集まりの参加者のすべてが知り合いとわかっていないならば、フォーマルで行くと3単位の喜びを得る」

公理Y　「集まりの参加者のすべてが知り合いとわかっていないならば、カジュアルで行くと−1単位の喜びを得る」

公理Z　「行動Aの与える喜びより行動Bの与える喜びが大きいならば、AはBより劣る」

さて、この人はまず、公理Xと公理Yを過去に経験した事例にあてはめ、まったく矛盾が出ないことを確認しておきます。次にこの人は今参加しようとしている集まりを公理にあてはめて、何か証明できるかどうかを考えます。そこで、集まるメンバーの確認をするでしょう。この人が命題W「参加者の中に知らない人がいる」を確認したとします。この人はWとXから命題U「フォーマルで行くと3単位の喜びを得る」を証明できます。さらに、WとYから命題V「カジュアルで行くと−1単位の喜びを得る」が証明されます。最後にUとVとZから「フォーマルで行くことはカジュアルで行くことに勝る」が証明できます。このようにして、カジュアルという選択が除去され、フォーマルで行くことを決断するわけです。

この論理的選好は、参加者が知らされていない場合とか参加者が未確定の場合にも同じ結論を引き出します。どちらにしても、XとYから同じようにUとVが証明されるからです。このような判断のプロセスは、多くの人の行動様式に内在するもので、決して突飛なものではないでしょう。

自己修正システムとは何か

ところで、このモデルにおいて重要なのは、公理Ｘや公理Ｙは経験と矛盾しないにすぎず、どんな外部の「科学」からも客観的には支持されていない、ということです。したがって、このように行動した結果、過誤が起きることは十分ありうることです。さきほどの意思決定によってフォーマルないでたちで集まりにいったら、みんながラフスタイルで来ていて自分だけ浮いてしまって恥ずかしかった、という経験だって起こりうるでしょう。この場合、公理系と経験が矛盾し、過誤が明らかになるわけです。帰納的推論には、常に過誤がつきまといます。過誤が起こった場合は、意思決定者は公理系を修正する方法をもっていなければなりません。これは「学習」の一種です。過誤が起こったときの公理系の修正について、次のような条件がつけ加えられます。

（ｖ）　意思決定者は内面に、新しく加わった経験と現在の公理系が矛盾した場合に公理系を整合的に修正するような、固定した「自己修正システム」をもっている

（ⅵ）　意思決定者が直面する状況が、機械によってランダムに発生させられる場合（たとえば、ルーレットやスロットマシンのような「機械」を使った賭けに参加している場合）、公理系と公理系の自己修正システムは、多数回の経験のあとに、いつでも最適選択をするような有能な公理系にどんどん近づいていかなければならない

この（ⅵ）の条件がある意味でのこのモデルの「合理性」を約束するものです。（ルーレットやスロットマシンのような）機械が相手で、偏《かたよ》りがなく、真の意味ででたらめに降りかかる経験のもと

では、人はいずれ最適選択のできる公理系をもつにいたる、そのような自己修正の手続きを備えもっていなければならないわけです。この意味では論理的選好は、記述的推測理論でありながら、規範的性格も備えているといえます。

いまひとつわかりづらいと思うのですこしだけ解説しましょう。小児が親とじゃんけんする場合、小児がおおよそグーから出すのを知った親は、チョキを出してわざと負けてあげることがよくあります。この小児は、この経験から命題X「グーを出すならば勝つ」という論理をもっても不思議ではありません。この論理的選好は、親と勝負している限り不都合がなく、変更されませんが、明らかに不合理なものです。いじわるな他人と勝負をするとパーばかり出されて連敗をすることでしょう。この小児が、「三種類の手をランダムに出す機械」と勝負をすれば、自分の命題Xが経験を説明できなくなっていることに気づきます。そして、公理系を修正せざるを得なくなるでしょう。これは第1章でお話しした、乱数表によるピッチャーの投球や新庄選手のえんぴつころがしによるクイズ解答に見られたものです。自分の固有のクセや思い込みから脱出するには「攪乱《かくらん》」の要素が必要なのです。

選択の自由と自己責任

実は、この論理的選好理論の真のねらいは、「個人が十分に有望な公理系とその修正システムをもっていたとしても、社会の構造、集団の知識のかね合いによっては、最適選択からずっと遠ざけられてしまうかもしれない」」、そういう可能性を指摘することです。世の中には、何の落ち度もない人が、不遇な境遇にいることがよく観察されます。その人たちはおうおうにして、たまたま学歴がなかったり、出自が貧困だったり、ひどく運が悪かったり、何らかの差別を受けていたりします。このような人々に対して、自由競争の仕組みを盾にして次のようなことばを浴びせる人々がいます。「彼らには、いくらでもチャンスがあった。ちょっと努力をすれば、もっと暮らし向きはよくできた。それをしなかったのは、彼らが（確率ゲームの選択という意味で）現状を望んでいたからだ」と。これが、新古典派の経済学者ミルトン・フリードマンの主張する「選択の自由」のロジックです。(28)

この「選択の自由」と対《つい》になる概念が、「自己責任」です。チャンスが公平に与えられ、どんな選択も妨害されない中で人々に訪れた結果は、たとえそれがどんなに過酷なものであろうと「自己責任」である、そういう立場がとられます。

しかし、この自己責任の理屈が成立するためには、いろいろな前提が必要なことを、第4章で解説しました。その中でもっとも重要だったのは、「選好の完全知」というものでした。自己責任論には、参加者が「自分が何を好ましいと思っているか」ということを完全に、しかも「経験として」、知っていることが前提として必要です。選好に関する知識が完全なら、期待効用理論を適用して自己責任を問い、「あなたが置かれている現状は自ら望んだものだ」と突き放すことが可能です。しかし、人々が人生において置かれている環境は、完璧な経験や知識を与えてはくれません。王様になったことのない貧民に、君は王様がいやで好きこのんで貧民になったのだ、というのはあまりに乱暴です。けれども、これまでの新古典派的な経済理論の枠組みでは、選好の完全知が暗黙の仮定として用いられており、そのことを慎重に検討しないで拡大適用すると、このような自己責任論がまかり通ってしまうのです。

しかし、論理的選好の枠組みを使えば、「不遇な人々が不遇な境遇にいることは、必ずしも彼らの最適選択ではない」、ということが指摘できます。人々は、独特な内面的論理をもっており、それが経験と矛盾しない限り、その論理を捨てることができません。それでも、あらゆる経験が外部からじゅうぶん攪乱的に与えられ、そこでさまざまな方向に論理の修正が生じれば、自分の現状の選択が最適なものではないと気づき、行動を変化させることもできるでしょう。一方、市場の構造（または社会ゲームの構造）は、必ずしも人々にフレクシブルな環境や経験を与えてくれるものとは限りません。むしろどちらかというと、本書でもたびたび紹介したように、慣性や硬直性をもった場合が少なくないと考えられます。このような市場構造下では、人々の経験は限定的なものになり、固着した論理は十分に修正できず、それが人々の行動を硬直化させ、またそれが市場構造の固着性にフィードバックする、という可能性も十分想定できます。

「環境」が果たす役割

論理的選好は、実は環境問題と関係が深い理論です。社会が何らかの硬直性、粘着性にはまりこんでしまう可能性を、論理的選好によって浮かび上がらせたとすると、そこから脱出するための指針を、「環境」に期待することができるのです。なぜならば、論理的選好の枠組みの中では、「公共財」というものが特別な働きをするからです。

第7章で解説したように、公共財とは、社会の構成員「全員」の効用関数に変数として一斉に入っている、そういう顕著な特徴を備えています。たとえば、社会にAさんとBさんがいて、私的財の消費がx、yであるときは、各人の消費による効用はたんにu(x)、u(y)と表されました。Aさんが消費から受ける効用は自分の消費量xのみに依存していて、Bさんの消費量yとは関係しません。Aが消費したものをBが同時に消費することはできないからです。しかし、公共財が社会にzだけ存在するときのAとBの効用はu(x,z)、u(y,z)と記述されます。zは分割配布されることはなく、AさんにもBさんにも同時に効用を与えることができます。テレビ電波や、消防署や警察、自然環境、都市空間、公衆衛生、また広義には教育制度や医療制度などが公共財の性質をもっています。誰にも私有されず、また、誰も排除できず、全員にいっぺんに供給されるからです。

さて、市場社会に硬直性が生じていて、何らかのしがらみに陥ってしまうと、社会の構成員たちの一部は自分が最適な選択をしていないにもかかわらず、経験とそれをサポートする個人的な公理系のせいで、それに気づかずにいる可能性があります。このとき、各人固有の論理ではここから脱出することができません。しかし、公共財が存在する場合は、公共財の供給の変化を通じて、すべての人々が自分の論理の過誤に一斉に気がつく可能性があるでしょう。公共財は、社会の構成員全員に十分に攪乱された経験を与え、それが人々の内面的な公理系の修正を促すことが可能だからです。公共財の働きで、社会はその惰性的《だせいてき》状態から脱出できる可能性があるのです。

簡単なたとえ話で恐縮ですが、こんな経験が誰にも少なからずあるでしょう。駅までの道のりを歩くとき、すべての道を試したわけではないのに、一番いいと思い込んでいる道ばかり毎日毎日利用しがちです。けれどもある日、誰かと偶然一緒に駅まで行くことになって、その人が使う別の道を一緒に歩いてみると、そちらの道のほうが（近さや安全さ快適さの意味で）より良好であると気がつく、そんな感じのことです。

人はときとして固着した論理から離れられなくなります。経験が裏づける限り、かなり頑固な選択になりがちです。しかし、外部からのふとした強制的な体験から、自分の論理の過誤に気づくことになるのです。学校教育はこの最たる例でしょう。このような機能を、一般の公共財が果たすのです。

人々がもしもそれぞれ孤島に住んでいて、瞬間空間移動装置で商品だけを売り買いしているのだったら、他人がどんなに貧しくなっても気にはならないでしょう。しかし、現実はそうではなく、人々は都市を通じて緊密に接触し合っています。最低限度の所得さえ下回る貧困者がいる場合、彼らの自暴自棄な行動で社会は危険になり、そのリスクはどの人にも及ぶことになります。人々はこのリスクに直面したとき、自分が得ている所得が最適なものではなく、その一部が貧困者に移転されるほうがより望ましいと知るでしょう。これは、ホックマン&ロジャースのモデルの論理的選好による解釈です。

あるいは、こんな例も考えられるでしょう。すべての空間が私有化されていて、どの空間も透明の壁で区画化されキューブのように閉ざされたものであり、各キューブが私有化された道路で接続された世界を想定してみましょう。このような世界に生まれ育った人々は、自分の世界がどんなに空気が汚染され、どんなに事故死の危険に満ちた世界であろうが、自分の経験と論理からは、そういう世界が選択されていることを最適選択だと思い込んでいても不思議ではありません。なぜなら他の空間で暮らした経験がないからです。しかし幸い、都市空間も空気も街路もみな公共財の性格をもちます。空気が清涼になったり、都市が魅力的になったり、街路が安全で快適になったりすることは、居住者全員の効用に影響を与えます。このサプライズは、多くの人に過誤を気づかせるきっかけになるでしょう。場合によっては、論理の修正を促し、これまでの都市構造とは抜本的に異なる都市環境を望むようになるかもしれません。

環境問題については（ロナルド・コースの外部性の議論やガーネット・ハーディンのコモンズの議論に代表されるように）、「環境問題が生じるのは環境の所有権にあいまいさがあるからだ」、という考えが支配的でした。誰が自然を所有しているかがはっきりしていないから利害の衝突としての環境問題が起こるのであって、所有権がはっきりすれば、どちらがどちらに賠償や補償をするべきかがはっきりする、と考えるわけです。これは全知全能のもとでの最適化をテーゼとする従来の新古典派経済学ではしかたのない結論であります。しかし、市場社会における知識の不備を認め、推測の不完全性を認め、個人的な論理が過誤をおかしている可能性を認めるならば、むしろ私有されない環境が存在することこそが、人々を最適行動に導く道を拓《ひら》く、そういえるのです。

社会的共通資本の「市場化」批判

最後に、この論理的選好の議論を、シビル・ミニマムの問題に応用してみることにしましょう。

ロールズの公正原理は、もっとも不遇な人々の利益のことを問題にしました。これは、「健康にして文化的な最低限度の生活を保証する」という市民社会の理念を意味するものであり、一般的にはシビル・ミニマムと呼ばれる概念です。このシビル・ミニマムを保証する最低限の所得がミニマム・インカムです。

このミニマム・インカムについて、第4章で紹介した宇沢弘文が非常に重要な提言をしています[29]。それは、ミニマム・インカムは貨幣によって供給するべきではなく、「社会的共通資本」の安定的な供給を通じて保証すべきである、という主張です。ここで社会的共通資本というのは、社会生活の基盤である自然環境や都市環境の総称です。空気・水・土壌などの自然ばかりではなく、交通や湾岸や下水道などのインフラ、それに加え、教育や医療などを総合した概念です。宇沢は、これらの財を、何者によっても私的に所有されるべきではなく、また、価格的な市場取引にさらされるべきではない財であると規定しています。

経済学の伝統的な議論では、ミニマム・インカムは貨幣によって供給するのが市民にとって好都合であると説明されます。それは、通常の市場取引の理論では、衣食住などの限定的な商品を供給されるより、それと同額の貨幣を供給されるほうが、（もちろん、衣食住の商品の購入も可能なのだから）より購買の自由度が増すことで受給者の効用が上昇するので当然です。

しかし宇沢はこの考え方にまっこうから反対します。宇沢は、インフレーションの生じる堅調な経済成長のもとでは、医療や教育などのような必需財の価格の上昇率が他の財に比べて相対的に大きいことを根拠に、貨幣による供給は市場取引を通じてシビル・ミニマムを相対的に低下させるのだ、と主張するわけです。したがって宇沢は、貨幣を供給するのではなく社会的共通資本の整備を通して、シビル・ミニマムを安定的に保持することを提案したのでした。

この「社会的共通資本の供給によるシビル・ミニマム」という宇沢の思想は、筆者の論理的選好によっても、サポートすることができます。さきほども述べましたが、社会というものは、市場構造的な、集団の知識構造的な、さまざまな知識や認識の不備にまとわりつかれています。そして、それらのもとで、人々は貧しい個人的経験と勝手な理屈をもとに行動し、ときには最適でない状態に、それとわからず脱出できないではまり込んでいるわけです。このとき、貨幣の供給は、何の解決ももたらさない可能性があります。貨幣による個人的な自由の享受は、個人的な論理を改善できず、個人の硬直性を総合した形で社会の慣性を継続させるだけかもしれません。しかし、社会的共通資本の供給は、集団的であり、また誰もその供給から逃れえないという公共財の性格をもつため、人々に個人的論理の過誤を気づかせる可能性をもっているのです。

このところのわが国では、医療や教育といった社会制度が、市場化の波にさらされています。医療費の受診者負担率の増加、国公立大学の独立法人化、東京都の障害児施設や養護学校の統廃合などに象徴されるように、「公」の領域が切り刻まれつつあります。本当のところは不況の尻拭《しりぬぐ》いにすぎないのでしょうが、表向きに提示された論理は、民有化と競争によって活力を入れる、とか、自己責任を明確にして効率化を図る、などといったものとなっています。

わたしたちは、ともすると、この「民活論」に説得されてしまいそうになりますが、ここで医療や教育が、人間の基本的人権にかかわる重要な「公共財」であることを忘れてはなりません。また、シビル・ミニマムを支える大切な「社会的共通資本」であることも見逃してはなりません。宇沢の主張する、「社会的共通資本の十分な供給によるミニマム・インカムの保証」という論点からいえば、これはまったく逆方向の改悪政策といえるのです。

さらに、論理的選好理論における「公共財からの公理系の改定」という立場から論じるなら、教育の市場化は、社会を不活発なものにし、不平等を拡大する可能性をもっているといえます。わたしたちは、学校という場所で、この社会の仕組みを知り、法の意義を知り、さまざまな人生の危機から脱出するすべを知ります。学校が大切なのは、そのような知識を与えてくれるからではありません。そのようなことを知る機会があるのもわからない未成年のとき（いわば、無知のヴェールの背後に置かれているとき）に、そのような知識が得られる、ということが大切なのです。もしも、仮に自分のお金と自由意志だけからしか学校教育を得られない社会があるとしたら、初期に間違った判断をして（不完全な公理系によって）学校教育を購買しなかった市民は、そのことによる損失を被っても、「だから、どうすればいいのか」を知ることができないのみならず、「学校に行かなかったことが損失の原因である」ことさえも理解できないでしょう。そしてさらには、さまざまな資本主義システムや民主主義システムの引き起こす災いの犠牲者になった際に、法によって救済される可能性があることも認知できない、そういうことになりかねないでしょう。教育の民営化とは、極論すると、社会をこういう方向に導いていくものだといえるのではないでしょうか。

終章　そうであったかもしれない世界
～過去に向けて放つ確率論

あの娘はきっとパルコにでも行って
今頃は茶髪と眠ってるだろう
ワンダーランドは
この世界じゃないってことを
知ってるから
冬の星に生まれたら　シャロンみたいになれたかな
時々　思うよ　時々

チバユウスケ（Rosso「シャロン」）

「後悔先に立たず」の視点

いよいよ最終章となりました。これまでの章では、不確実性下の意思決定理論の代表的な方法論を紹介するとともに、それを現実の問題にどう応用するか、ということを中心に解説してきたわけです。しかし、この最終章では、そういうメインストリームからかなり逸脱して、意思決定理論の展開に著者が抱いている希望、夢、抱負といったものを書いていきたいと思います。

意思決定理論は、人々が不確実な世界をどう定式化し、それに抗するためにどんな意思決定の方法をもっているか、それを分析する理論です。その基本的な枠組みは、可能性を列挙し、オッズを割り当て、それを基盤にして、戦略の良し悪しを評価するものでした。そして、その良し悪しの判断は、基本的に「選好」という、いわば内面的な好みを定式化することによって行われました。しかし、ここに重要な問題が置き去りにされていることに気づくべきです。それは、不確実性のある世界では、決断はできごとが生起する事前に行われるけれども、その帰結は事後にもたらされる、ということです。だから、内面的な好み、といっても、本当は事前での好みと事後での好みという二種類があるはずで、それらに食い違いが生じるのが一般的な状況だと考えられるでしょう。しかし、この点に関しては、現代の意思決定理論では必ずしも整合的な分析がなされていないのです。

以上のことをもうすこし詳しく述べることにしましょう。「どの賭けに参加するか」という判断は、賭けの結果が出る前に行われます。しかし、賞金や支払いが発生するのは、賭けの結果としてです。「どの賭けに参加するか」というときの内面的な好みと、「得られた賞金はどうだったか」に関する内面的な好みとは、一致しないのが一般的でしょう。「時制」がずれているのだから当然のことです。

今、「半々の確率で五万円を得るか一万円を失うか」という賭けAがあり、他方、「九割の確率で三万円を得るが、一割の確率で二万円を失う」という賭けBがあるとします。ここで、ある人が自分の内面的な好みから、賭けBに参加したとしましょう。この人の判断を理解するには、たとえば期待値基準を用いてもいいし、あるいは「たとえ得る賞金が少なくても損する事態が生じる確率が少ないほうがいい」というような選好だと思ってもいいでしょう。これが事前の判断基準です。しかし、仮にこの人が二万円を失う結果になった場合、この人の抱く感想は事前のものと同じになるでしょうか。現実として二万円を失ったことを納得できるでしょうか。結果から考えると、Aの賭けで一万円失ったほうがよかった、と反省するかもしれません。まさに「後悔先に立たず」です。このような状況を考慮すると、さまざまな論点が浮上してくることでしょう。

まず、この人はこの賭けに対して「賞金をもらった世界のほうを体験していない」ということが重要です。事前には〇・一の確率で起きる、とされていたことが起きたわけですが、事前には可能性（部分）でしかなかったことが、事後には現実（全体）となり、しかも事前には（〇・九の確率で）存在していた「三万円を得る」という可能性が事後の現実の中では消滅しています。このとき、確率は過去に置き去りにされ、現在の存在である自分とは隔絶されてしまうわけです。

これを標本空間からまとめれば、$\Omega=\{a,b,c\}$のステイトbに現実が決定されたとき、もともとは部分であったステイトbが現実では全体となり、可能性として存在していたステイトaやcは消滅してしまう、ということだと一般化することができます。このことは、第4章では、インフォームド・コンセントの問題として論じました。事前には九〇％の確率で助かるといわれていた生命が、残る一〇%の側に現実が落ち、助かるほうの世界が消滅してしまったこととの問題でした。

これは、通常の経済行動とは次元が異なります。たとえば、代表的な消費選択の場合、財を消費したときに得られる効用は、「事前にどのくらい消費しようとしていたか」とか「いくらの予算から決めた消費量か」といったような、事前の判断基準によりません。あくまで、財の消費はそれに応じた効用を与えるだけです。しかし、賭けの場合には、そうではありません。現実の結果は、それだけを見れば、「二万円の支払いが発生した」というものですが、これは「賭け」の結末を正確に表現していません。「本当は確率〇・九で三万円もらうこともあった」という、過去においては存在していて現実には実行されなかった可能性を決済時点で付与しなければ、完全な記述にはならないわけです。けれどもこの可能性は現在時点で見れば、露と消え去った「無」でしかないものなのです。

仮定法過去完了として確率を捉える

このような見方に対して、二つの反論が予想されます。第一の反論は、「反復試行を行えばこのような問題は生じないではないか」、というものです。非常にたくさんの回数この賭けに参加すれば、三万円もらうことも二万円支払うこともいく度となく経験することでしょう。そして、それの起こる頻度が9：1であることも確認されるでしょう。そうなれば、事前の判断と事後の判断を区別する必要性は薄らぐはずだ、というわけです。もっともな反論です。

けれども、このことはわたしたちの問題の解決にはならないのです。それはまさにフランク・ナイトが主張した観点です。わたしたちは多数回同じ賭けに参加するという環境にめぐりあうことは非常に稀《まれ》であり、欲しいのは一回の参加に関する基準です。そもそも多数回参加したのだったら、大数の法則から結果はほとんど決定論的になっています。全体の九割では三万円を得て、残りの一割では二万円を支払ったでしょう。このときの不確実性は金銭の授受の順序がまちまちである、ということだけです。この賭けは、Nを参加回数とするとき、確実な3×0.9N万円の報酬と2×0.1N万円の支払いをもたらした「確実現象」と何ら変わりがありません。これがナイトのいいたかったことの一端でしょう。この観点からは、多数回の参加は、不確実性というよりはむしろ確実性に分類される現象になってしまうのです。

第二の反論は、「問題の本質は事前の判断だけにあるのではないか」というものです。不確実性というのは、できごとが決定する前しか意味をもちません。したがって、不確実性に対する好みというのは、ものごとの結果がいろいろありうるというそのバラエティに対する好みであり、事前にしか存在しないものだ、と主張することも可能でしょう。たぶん選好による意思決定理論を扱う学者の気持ちには、このような共通了解があるのではないかと思われます。しかしそうだとすると、その好みというのは、「事態の未決定の多様なありかた」への好みであり、結果がどう出ようが無関係、あるいは結果は見る必要がない、ということになってしまいます。けれども、結果が不要なら、それは「不確実性」ではなく、たんなる「架空」「フィクション」でしかありません。それでは「架空の物語性への選好」となってしまいます。わたしたちが関心をもつのは、そうではなく、あくまで「可能性であったものがいずれ現実になる」という意味での「不確実性への選好」なのです。

このような論点から筆者は、「賭けにとって時制は本質的だ」と考えます。繰り返しになりますが、不確実なできごとへの選好を扱うためには、結果として得られた報酬・報償だけでなく、「事前の過去の時点では、こういう可能性もあった」というできごとを加えて判断する必要があります。いうならば、**「そうであったかもしれない世界」**を対《つい》にして初めて、不確実性への選好が評価できるのです。

この「そうであったかもしれない」というのは、決して突飛な考えではなく、人間の基本的思考様式の一つです。その証拠に、言語には「仮定法過去完了」という文法形式が存在しています。「あのときもしも鳥だったら、空を飛べたのに」に現れているような、「過去のある時点においてそうではなかった」ことを前提とした表現が、普通の文法として成立しているのです。不確実性下の意思決定を分析するには、「仮定法過去完了」として確率を捉え直すことが肝要《かんよう》だと思えます。

確率の時制

それでは、従来の推測理論では、「時制」というのはいったいどういう役割を担っているのでしょうか。そのことについて簡単に見ておきたいと思います。

まず、フィッシャー＆ネイマン流の頻度主義の推測理論について考えましょう。第2章の偽物コインについての推定をもう一度振り返ってみます。

コインを一〇〇回投げて四九回おもてが出た場合に、これを「本物のコイン」と判断したのですが、実はこの背後には次のような発想があるのです。もしも、このコインが偽物だと仮に知っていて、事前に何回おもてが出るかを予言するとしたら、（区間推定という方法で）五〇・三回〜六九・三回を予言することになります。しかし、これではおもての回数四九回という現実を当てることができなかったことになります。だから、四九回という現実のデータからは、「コインは偽物」という仮説は棄却されます。つまりここには、「もしも〜であったら、〜であっただろうに」という仮定法過去完了の推論形式がさりげなく入っている、と考えられるわけです。

次に、ベイズ推定のほうについて考えることとしましょう。こちらになると「確率の時制」の問題はもっと本質的になってきます。第2章の「ウソツキ」モデルを再検討します。

P(ウソツキ/(嘘をついた))＝8/9　P(正直/(嘘をついた))＝1/9

という逆確率が求められたのですが、よくよくこの手法を見直してみると、時制がめちゃちゃであることがおわかりになるでしょうか。図2－6（五三ページ参照）の展開型モデルを見ればわかるように、ウソツキ、正直というステイトは、「本当をいう」「嘘をつく」というステイトたちの「前」に決まっている「過去」のことです。にもかかわらず、図2－7（五四ページ参照）でステイトy、wのオッズを作ったとき、いつのまにか「時制」を入れ替えて、「ウソツキ」「正直」という過去へ遡《さかのぼ》っています。ここにベイズ推定の最大のトリック、あるいは詐術が潜んでいるといっても過言ではありません。このようなことがうまくいったのは、「標本空間の制限」という形式で条件付確率を割り振るとき、ステイトたちの「時制」を無視して、「空間的」配置として処理していたからです。ここで、さりげなく現在と過去をすり替えてしまっているのです。これはまさに、ベイズ推定にも「時制」が本質的であることを表したものだといってよいでしょう。

ニューカムの問題

ここで、確率と時制について考える上で、たいへん参考になるパラドックス(30)があるので、紹介することにします。ロバート・ノージックが紹介した「ニューカムの問題」です（これはノージックが物理学者ニューカムから教わって公開したもの）。実はこの問題は、ベイズ流意思決定理論への激烈な反論となるものなのです（ちなみにノージックもロールズと同じくハーバード大学の哲学者で、しかもロールズとは正反対の立場、「最小限国家」というリバタリズムの立場を貫いた人です）。

今、あなたの目の前に二つの箱、AとBがあるとします。箱Aの中身は見えていて、1万円入っています。箱Bの中身は見えません。あなたは箱を一つ取っても、二つ取っても、その箱の中身をすべて自分のものにすることができることになっています。箱Bには、何も入っていないか、一〇〇〇万円入っているかのどちらかであることはわかっています。問題は、これらの箱の提供者であるデーモンが、あなたが一つしか箱を取らないと考えるときには、Bに一〇〇〇万円を入れ、あなたが両方取ると考えるときには、Bに何も入れない、といっていることです。デーモンはあなたの行為に対する予言者としては、限りなく正しいとあなたは知っています。このとき、あなたはいくつ箱を取るべきなのでしょうか。

さっそくベイズ的に解いてみましょう。あなたに選べる行動は三つです。行動aは、箱Aだけ取る。行動bは箱Bだけ取る。行動cは両方の箱を取る。このとき、それぞれの行動に対して期待効用（この場合は賞金の期待値そのままとしておく）を計算してみましょう。デーモンの予言は、完璧ではないが限りなくそれに近く、仮に確率〇・九九で正しいとしておきます（確率1としても結論は変わりません）。まず行動aのときの賞金の期待効用は、一万円。次に行動bの期待効用は、0.99×1000万円＋0.01×0＝990万円。最後に行動cの期待効用は、0.99×1万円＋0.01×1001万円＝11万円となります。これらを比較すれば、行動bが選ぶべき行動、ということになるわけです。

これがどうおかしいかは一目瞭然でしょう。Bの箱に入っているものが何であれ、両方の箱を取るのが合理的行動と考えられるのに、なぜBの箱だけを取ることになるか、この点です。

もちろん、こんな設定は非現実的だ、という反論もありうるでしょう。しかし、数理モデルとして意思決定方式を考えるとき、設定の現実性は二の次です。論理的な解決を与えられない例があるなら、決定方式のどこかに数理的な不備があるといわれてもしかたありません。

この問題を議論するうちに出された論点として、「時制の問題」があるのです。実際、あなたが行動bを選択して、一〇〇〇万円を手に入れたとしましょう。このとき、あなたは「ああ、両方取ればよかった」と思うことでしょう。なぜなら、残したAの箱に一万円が見えているからです。つまり、この時点では、「行動cを取っていたら、一〇〇一万円が得られたのに」という文が正しい文になります（Bにお金が入っていなくても議論は同じです）。しかしちょっと待ってください。「行動cを取るならば、一万円しか得られないであろう」、というのがデーモンの予言でした。ここにパラドックスが生じます。つまり、事前における行動cの意味と、事後において振り返る仮定法過去完了での行動cの意味とは食い違っていることになってしまいます。このように、ニューカムの問題では、確率的推測の時制の問題が、あらわになるわけです。

人の視線は未来にしか向かないのか

賭けを分析する際、「時制」が排除できないことを論じました。ここから自然に導かれるのは、不確実性下の意思決定では、事前と事後で認識がズレることによって「過誤」が生じることを無視できない、ということです。

一方、この「過誤」という現象は、不確実性を含まない経済学には存在しない観点なのです。確実性下の経済学では、「事前にどういう最適化をするか」が問題であり、最適化されたあとは、最適化の定義そのものによって、原理的に過誤が生じることはありえないわけです。

しかし、不確実性下の意思決定理論では、過誤に関する寛容さが要求されます。不確実性とは、「時間の未到達」や「知識や経験の不十分さ」、「集団の知識の食い違い」などから生じるのであり、そこではそもそも過誤が前提となっているからです。過誤が起こらない現象は、不確実性と呼ぶに値しないでしょう。したがって、この「過誤」という現象にこそ、意思決定問題の秘密の花園があるといってもいいわけです。

人が不確実性下の意思決定において過誤をおかすことを前提として考えるとき、次に問題になるのは、人が過誤に対してどういう始末をつけるのか、ということです。通常の経済理論では、このような過誤の始末は、まったく無視されます。経済理論における人々の欲望の視線は、未来にしか向かわないことになっているからです。経済を営む人々は、生起した事態を観察し、自分の過誤に気がつき、サプライズが起こります。そこでこの経済主体は、過去における自分の決定に誤りがあったことを認めることになります。ところが、従来の経済理論では、終わったことはそれとして、行動のためのデータ構造を修正し、経済主体は再び「これから先の未来の利益を最適化」するだけです。

本当にそれでいいのでしょうか。もし経済主体の行為がこのようなものであるとすれば、「経済主体は過去において行動の本質的最適化を図っていなかった」ことになってしまいます。従来の経済理論は、過誤という過去の不始末に対して断罪をしません。つまり、最適だと思った選択が最適でなかったことが判明しても、経済主体が「過去を最適化しようとする」などとは想定しないのです。

わたしたちは常に未来にしか視線を送らないでしょうか。あるいは、未来にしか視線を送る「べきではない」のでしょうか。筆者が論じたいのは、他でもない、「人は過去をも最適化したいと思っているし、またそうあるべきだ」という論点なのです。

「もし一〇分早く起床しなければ……」

ここでちょっと脇道にそれておきます。

社会学者の大澤真幸に「責任論」という論文があります。(31)この中で大澤は、一九九五年の阪神・淡路大震災で被災した女性のことを取り上げています。彼女は、震災の朝、いつもより一〇分早く床を離れました。そこには理由はなく、たんなる偶然にすぎません。しかし、それが彼女と夫との運命を分けました。一階で寝ていたご主人は、運悪く瓦礫《がれき》の下敷きになって死亡し、二階にいた彼女は生き残ることになったのです。それ以来彼女はずっと、自分の「責任」に苦しめられています。それは、「死んだのは自分でもよかったのに、夫のほうが死んでしまった」という責め苦です。その朝、彼女がいつもより早く起きなければ、生きているのは夫のほうで死んだのは自分だったかもしれない。彼女のこの苦しみは、しばらく全身麻痺という身体症状を伴い、また、精神面では離人症状を呈するようになりました。彼女のこの苦しみは、いったいどこからやってくるのでしょう。

彼女を苦しめたこの咎《とが》めの意識のことを、大澤はヤスパースのことばを借りて「形而上の責任」と呼んでいます。ヤスパースは、刑法上の罪、政治的な罪、道徳上の罪という標準的な三種類の罪に加えて、形而上の罪という概念を提示しました。これは、先の三つが何らかの積極的な行為を選択した（あるいは選択しないという選択をした）ことに対して科せられる罪であるのに対し、積極的に選択されたどのような行為とも無縁に成立する罪だといわれます。

このような形而上の責任の咎めは、復員兵からも多く聴取されます。大澤は、第二次世界大戦最後の日に、ソ連軍との戦闘の場にあった人の証言を引用しています。彼は、このとき自分より一〇センチ右で狙撃《そげき》されて死亡した戦友のことが頭から離れません。ほんの一〇センチの距離が、狙撃されて死んだ戦友と自分の運命を分けたということに、今でも罪の意識をもち続けているのです。もし自分があのとき一〇センチ右にいたならば、自分こそ狙撃されていたかもしれない……。ほんの一〇センチの差が、自分と死んでいった戦友との運命を分けてしまった。このような偶然に、確率的できごとを超えた善悪の判断をもち、自責の念に苦しめられ続けたというのです。

大澤のあげた例ではありませんが、同じメンタリティが、妊婦のときに水俣病に罹患《りかん》した患者からもうかがえます。有機水銀による中毒症は、胎児性という残酷な特徴を備えていました。体内の有機水銀が、胎児に集中してしまうのです。したがって、生まれてきた子供が中毒死したり深刻な障害を負ったりするのに比べ、母親はそれほど重体にはならない事例が見られました。しかしこのことが逆に母親に、強い罪責感を植えつけてしまいました。自分が重い障害を得るよりもずっと深刻な心の障害をもたらしたのです。「本当に死ぬべきだったのは自分のほうなのに、子供が代わりになってそれを引き受けてしまった」。母親はこのような罪悪感を一生背負って生きていくことになったのです。

「そうであったかもしれない世界」に対する責任

以上のような「形而上の罪」の意識は、わたしたちに何を教えてくれるのでしょうか。それは、「人間はときとして、終わってしまった過去でさえも、もっと良くしたいと思う」、そういうことです。

経済理論の原則は、「現在から将来にわたる利益を最適化する」ことだと繰り返してきました。けれどもこれは、人間行動の真実の姿を描写していない、と思えるのです。人は、「終わってしまった過去をも最適化したいと望むことがある」のではないでしょうか。「形而上の罪」は、その一つの有力な証拠です。

不確実性下の意思決定では、「過去には可能性として存在していた事態」を結果の判断に加えなければ、選択行動を正しく描写できないことを前に述べました。「形而上の罪」に苦しむ人々は明らかに、「そうであったかもしれない世界」に自分を置き、そこを変えることのできない苦しみを背負って生きているといえます。もしも、経済理論が想定するように、人々がいつでも未来だけを最適化するなら、このような人々の感性や善悪判断は不合理だということになるでしょう。しかし人々の内面には、過去を最適化することへの欲求が厳然と存在しています。あるいは存在することを認めざるをえません。ならば経済理論は、それを組み込んだ形に理論を修正すべき責務をもっているといえます。

このことは、エルスバーグ・パラドックスにおける一件でも経験済みのことでした。人間の一見不合理に見える選択行動を、たんに不合理な行動とは片づけず、それと整合的な意思決定の方法を開発したのが、シュマイドラーたちの成果でした。また、事例ベース意思決定理論は、この問題意識を裏づけてくれているようにさえ思います。ギルボア&シュマイドラーは、標本空間Ωさえ知らない環境での意思決定を問題にしたのですが、事前にΩを知らなかった場合、事後になって特定のステイトを見すごしていたことに気づかされることになるでしょう。これこそがまさに「そうであったかもしれない世界」なのです。

このような先行研究を省みるとき、「過去における過誤を修正して最適化する行動」を分析する手法が求められます。「形而上の罪」はある意味で、どんな方法によっても事後的に修正が不可能、そういうたぐいの悲劇なのですが、幸いにも多くの経済的帰結は、過誤の明らかになった事後にそれ相応の修正が十分可能なのです。

ギャンブルの勝者が居心地悪くなる理由

人々の行動に関する価値判断には「そうであったかもしれない世界」を付与しなければならない。また人は、「そうであったかもしれない世界」を知ることで、(見すごしを含む意味での)過誤をおかしたことに気がつく。そうして、人は過誤を知ったとき過去でさえも最適化したいと考えている。このひとつながりの議論から結論されることは何でしょうか。それは、人々は過誤に対して支払いをする意思と欲求をもっているに違いない、ということです。もしも、自分の現在の地位や所得が偶然のなせるものであり、その偶然は事前の完璧な意思決定からもたらされたわけでなく、ある種の判断の過誤がもたらしたものであった場合、その人は過誤をおかした過去を修正し再度最適化するための支払いを躊躇《ちゅうちょ》する理由はない、ということです。

以前、ある棋士《きし》から次のようなことばを聞いたことがあります。「ホームレスの方々を見ると、ときどきこんなことを思う。あのとき、銀を左下ではなく右下に引いていたら、今自分はこの人だったかもしれない」。この棋士はたぶん、残り少ないもち時間に追われながら、銀の駒をどちらに引くべきか最終的に読みきることができなかったのでしょう。そうして、ほとんどたんなる偶然で銀の駒を左下に引いたのでしょう。それは結果的に正解でした。しかし、このあとこの棋士には、「銀を右下に引いたことで生じたかもしれない世界」がつきまとうことになりました。なぜなら、この可能性を付与しないと、棋士は自分の現在を正当に評価しえないからです。もしもこの棋士が、銀を右下に引いてこの勝負に敗戦したとしたら、そのあとの棋士生活が大きく変わっていた、そんな勝負だったに違いありません。棋士の発言はそれを感じさせるものです。高い確率で棋士生命が絶たれ、最悪の場合、ホームレスになっていた可能性さえも否めない、そうこの棋士は回想しているわけです。

このとき、この棋士の現在の地位や名声や所得は、一〇〇％この棋士に帰属するといえるでしょうか。単純な見積もりをすれば、決断の時点で左下が右下に対して確たる優位性がなく、あとになって左下が論理的な正解だとわかったのだとしたら、「半分の確率の正しいほうをたまたま、しかも意識的な攪乱戦略としてではなく選んだにすぎない」ということになります。このとき、この棋士の現在の所得の半分は自分のものではない、といっても過言ではありません。この棋士の発言には、そういう「居心地の悪さ」が表れているといえます。

もちろん、「偶然であっても勝ちは勝ち」という見方もあるでしょう。しかしこの棋士は将棋を丁半ばくちとは違う論理的な推論と見ています。納得いくまで考えて勝ったのであれば、それはすべて自分の手がらと思えるでしょうが、自分の意志ではない形で結果に身を委ねたことは、たとえ「勝ち」をもたらしたとしてもこの棋士の見すごしの帰結でもあり、不本意な気分を残すのは潔い態度といえます。

このように、人々が自分の判断の過誤を見つけ、自分の地位や所得のいくばくかは事前の最適化の産物ではないと知ったなら、その居心地の悪さを解消するためにその人は、「過去を最適化」すべきでしょう。それは過誤に対する支払い、あるいは「そうであったかもしれない自分」に対する支払いと呼ぶべきものです。よく麻雀ゲームで、テンホウやチュウレンポウトウなどをあがったプレーヤーが、他のプレーヤーたちに食事をおごったりします。これは、「祝いごとのふるまい」という意味もありますが、それよりも、自分に自分の実力を超える幸運が働いたことに対するばつの悪さを解消するためのふるまいだと考えるほうが正しいでしょう。

過誤に対する支払い

このように考えるとき、「過誤に対する支払いによる再最適化」を是とするならば、ジョン・ロールズが主張しているマックスミン原理に別の根拠を与えることが可能だと筆者には思えます。「もっとも不遇な人たちの利益が最大になるように社会を設計する」、ということは成功者からの富の移転を前提としています。この富の移転は何を意味するのでしょうか。それは決して慈悲やほどこしではなく、「自分がそのもっとも不遇な人であったかもしれない世界」、「現在そういう不遇な立場にないのは、全部が自分の推測の正しさやそれに応じた備えや努力の産物であるわけではなく、一部はある種の過誤の帰結であること」、そういうことへの支払いだと考えたらどうでしょうか。

ロールズが前提とした「無知のヴェール」は、自分の運命を確率的にも知らず、他人がどういう目的や知識をもっているかも知らない、非常に知識の制限された状態です。このような状態で行った決断は、非常に多数のそして大きな過誤をもたらすことでしょう。個人がその過誤に対して、最適でなかった過去の選択を最適化したいなら、十分な支払いをする必要があるでしょう。それこそがマックスミン原理といえないでしょうか。もしも、このような「過誤に対する支払いとしてのマックスミン原理」が、社会通念として理解容認されるようになるなら、それは強制的な富の移転ではなく、個人の最適化の自由意思による富の移転だということになります。また、より良い社会とはかくいうもの、という集団に強制される超越的価値判断ではなく、あくまで個人個人の選好をかみ合わせることから生まれてくる社会の態様ということになるでしょう。

たとえば、わたしたちは、身体的な不自由あるいは知的な障害をもって生きる人々を目にすることで初めて、自分がそのようにあったかもしれない世界を知ります。これは、自分のこれまでの人生の捉え方に過誤があったことを知らしめます。現在の自分のありようすべてが、そのような不自由や障害に対して（たとえば保険をかけるなど）事前に対処をした帰結であるわけではなく、実際は想定していなかった可能性（障害を負うという可能性）が偶然生起しなかったにすぎない、と知るからです。これはいわば無知のヴェールの帰結です。

このとき、わたしたちは「事前に自分が障害をもつ可能性があると知っていたらしたであろう備え」を、偶然そうならなかった事後になすことができます。これは、わたしたちが、無知ゆえに行わなかった備え（かけなかった保険）が、幸運によってたまたま不要であったとしても、過去を最適化するために支払うものです。こういう通念のもとでは、障害をもつ人々への富の移転が行われることや、彼らへの配慮で日常生活の設備や制度に多少の不自由を我慢することは、障害者のためではなく、「健常者」の側の個人的な最適化行動だということができます。

このようにわたしたちは、自分がそうであったかもしれないが、たんなる幸運によって避けられた事態に対して、事後的に最適化するための支払いをすることが可能です。「自分はバブル期に深い配慮の末というわけではなく、なんとなく過剰投機をしなかったから、たまたま破産しなかった」、「自分はそれがその時点では最適行動であったはずなのに、偶然ある土地に行かなかったから、地震に被災しなかった」、「自分は偶然、両親が離婚したりせず余裕のある家庭に育ったので、進学校に進学し、有名大学を卒業することができた」。このように多くの幸運と、不十分な推論という過誤があり、知っていれば備えたであろう未払いの蓄《たくわ》えがあります。わたしたちは、それらの蓄えの一部を、事が済んだあとに支払い、最適化を復旧することが可能なのです。この場合、数ある過誤の中で、誰にとっても重要である基本財に関するものに対する支払いが肝要となるでしょう。なぜなら、自分がどんな嗜好のどんな人生の人間であったにせよ、これら基本財の不足は自分の不幸を確約したに違いないからです。ロールズの公正原理は、このように「過誤に対する支払い」として正当化することが可能です。

自動車社会は、わたしたちの何を奪ったのか

以上の「過誤に対する支払い」「過去の最適化」の考え方を使って、再び第4章で論じた「自動車の社会的費用」のことを考え直すことにしましょう。

自動車が市民にもたらす被害の見積もりに対して、ホフマン方式と宇沢方式はまっこうから対立していました。たとえばホフマン方式では、交通事故や環境汚染の被害を、「その人がこのまま生きていたら、あるいは健康に生活したら得られるであろう利益を金銭換算した金額」という形で見積もります。それに対して宇沢はこれらを、「市民にとって、自動車がなかった場合に享受できたであろう市民的自由、文化的生活、それらを現状で回復するために最低限必要な金額」として試算しました。この二つの試算方法の違いは、わたしたちが前項までで構築した方法で分析するときわ

めて明確になるのです。

まず、ホフマン方式による評価は、従来の経済理論における「現在から将来にわたる最適化」という概念の中のものであることがわかるでしょう。ここで重要なのは、自動車が存在している現状というものを、終わってしまった変えようのない既成事実とだけ捉えていることです。それが過誤であろうが何であろうが、この現状のもとで将来を期待値で計測しようとしているのです。

それに対して宇沢は、まったく異なる視点をもち込みました。一つは、現状の自動車社会というものが「過誤による選択」であった可能性を排除しない、ということです。市民は、「自動車に脅《おびや》かされなかったであろう世界」を選択することも可能でした。だからこそ、そこに身を置いたら得られたであろう利益を想像することができるのです。そして、このような「そうであったかもしれない世界」を、現状を前提として回復するための費用として、現在の道路の幅を十分に広げて、街路樹によって自動車と歩行者を隔離し、歩行者が事故によって死なない、環境汚染で健康を害さない、そういう環境を創出するための経費を試算するのです。これは、現状を黙認するのではなく、過誤を前提とし、「そうであったかもしれない世界」を付与し、過去も未来も含めて最適化する考え方だといえます。

このように根本的に違う発想で試算しているため、宇沢の打ち出した社会的費用が一台当たり年間二〇〇万円という予想外に高額であることも当然です。それは未来に対する支払いだけではなく、過誤のあった過去をも再最適化する金額であるからです。

筆者は最近、宇沢がある市民集会で、この自動車の社会的費用の試算方法について回顧するのを直接聞く機会に恵まれました。そこで宇沢は、人の死を不可避な前提とし、その人の失われた人生を金銭換算したり、その試算を経済要素だけから算出したりすることに、強い違和感を覚えたと告白しています。そこで宇沢は、考えに考えたあげく、人の死を前提とせず、失われた人生を金銭換算せずに、「市民が失っているものの本質は何なのか」を試算できる方法を模索し、前述した計算にたどりついたのだそうです。筆者はそこに「そうであったかもしれない世界」という確率概念へのアプローチを感じました。

いよいよ最後となりました。本書を締めくくるにふさわしいことばとして、オーストリアの経済学者ロバート・ディクソンの、次の一節を引用しておきます。(32)

「不確実性が意思決定に関与するのは、未来が存在するからというよりは、過去が今も、そしてこれからもずっと存在し続けるからである。われわれが未来の虜《とりこ》となるのは、われわれが過去に騙《だま》されるからである」。

参考文献

(1) 蓑谷千凰彦『推測統計のはなし』東京図書（一九九七）
(2) 小島寛之『サイバー経済学』集英社新書（二〇〇一）
(3) フォン・ノイマン、オスカー・モルゲンシュテルン『ゲーム理論と経済行動』銀林浩ほか訳　東京図書（一九七二—七三）
(4) 小島寛之『ＭＢＡミクロ経済学』日経ＢＰ（二〇〇四）
(5) 竹内啓「統計・確率化する社会」（石原英樹・小島寛之によるインタビュー）『現代思想』vol.28-1所収（二〇〇〇）
(6) 中西準子『環境リスク論』岩波書店（一九九五）
(7) 宇沢弘文『自動車の社会的費用』岩波新書（一九七四）
(8) Ellsberg, D. “Risk, Ambiguity and the Savage Axioms,” *Quarterly Journal of Economics,* 75, 643-669 (1961)
(9) ピーター・バーンスタイン『リスク』青山護訳　日本経済新聞社（一九九八）
(10) 広瀬隆『アメリカの保守本流』集英社新書（二〇〇三）
(11) 小島寛之『数学の遺伝子』日本実業出版社（二〇〇三）
(12) Schmeidler, D. “Subjective Probability and Expected Utility without Additivity,” *Econometrica,* 57, 571-587 (1989)
(13) Gilboa, I. and Schmeidler, D. “Maxmin Expected Utility with a Non-unique Prior,” *Journal of Mathematical Economics,* 18, 141-153 (1989)
(14) Dow, J. and Werlang, S. “ Uncertainty Aversion, Risk Aversion, and the Optimal Choice of Portfolio,”

Econometrica 60, 197–204 (1992)
(15) Kojima, H. and Oyama, D. "A Model of Money with Knightian Uncertainty," mimeo (2001)
(16) Fudenberg, D. and Tirole, J. *Game Theory*, MIT press (1991)
(17) Hart, S. and Tauman, Y. "Market Crashes Without External Shocks," mimeo (1997)
(18) ロバート・J・シラー『根拠なき熱狂』植草一秀監訳　ダイヤモンド社（二〇〇一）
(19) Lerner, A.P. *The Economics of Control*, Macmillan (1944)
(20) 柴田弘文・柴田愛子『公共経済学』東洋経済新報社（一九八八）
(21) Hochman, H. and Rogers, J. "Pareto Optimal Redistribution," *American Economic review*, 59 (1969)
(22) 石川経夫『所得と富』岩波書店（一九九一）
(23) ジョン・ロールズ『正義論』矢島鈞次監訳　紀伊国屋書店（一九七九）
(24) Gilboa, I. and Schmeidler, D. *A Theory of Case-Based Decisions*, Cambridge UP (2001) イツァーク・ギルボア、デビッド・シュマイドラー『決め方の科学』浅野貴央、尾山大輔、松井彰彦訳、勁草書房（二〇〇五）
(25) 松井彰彦『慣習と規範の経済学』東洋経済新報社（二〇〇二）
(26) 小島寛之「限定合理性とその成長・環境配分問題への応用」『フィナンシャル・レビュー』44号所収　大蔵省財政金融研究所編（一九九七）
(27) 佐藤正午『きみは誤解している』集英社文庫（二〇〇三）
(28) M&R・フリードマン『選択の自由』西山千明訳　講談社文庫（一九八三）
(29) 宇沢弘文『経済解析――展開編』岩波書店（二〇〇三）
(30) 伊藤邦武『人間的な合理性の哲学』勁草書房（一九九七）
(31) 大澤真幸「責任論」『論座』2000-1（二〇〇〇）
(32) Dixon, R. "Uncertainty, Unobstructedness,and Power," *Journal of Post Keynesian Economics*, 8 (1986)

あとがき——折れることなく揺れる白い花

生きていく意味を　失くしたとき
自分の価値を　忘れた時
ほら　見える　揺れる白い花
ただひとつ　思い出せる　折れる事なく　揺れる
藤原　基央（バンプ　オブ　チキン「ハルジオン」）

『ヒカルの碁』というマンガをご存知だろうか。私はこのマンガを読むたび、あるシーンでさめざめと泣いてしまう。それがどうしてか、お話ししたいと思う。

私は、三〇代も半ばを過ぎてから経済学部の大学院に入学した。中年になってからの院生生活というのは思いのほか不自由なものである。同級生はみなひとまわりも年下で、いらぬ礼節で接してくれるため、必然的に浮いてしまう。不快にはさせられない代わり、歯に衣着《きぬ》せぬ議論には入れてもらえない。研究仲間を見つけることははなはだ難しい。かといって同輩である教員たちにとって、私は単なる学生の一人にすぎない。議論をふっかける勇気は出てこない。

それればかりではない。社会人生活を経験した私には、経済学の手法に何の疑問も抱かない若い院生たちの問題意識はひどく歯がゆいものだった。ある日私は、先輩の（とはいっても年下の）院生にこんな疑問をぶつけた。「経済学では、効用の無差別曲線による最大化で経済行動を解く。けれども、これには大いに疑問がある。私たちは、自分の効用など熟知していないし、経験したことのない行動の効用などわかろうはずがない。そんな中での効用最大化にどんな意味があるのだろう」。そのときの先輩の解答は冷酷だった。「小島さん、それが経済学の流儀です。それが受け入れられないなら、経済学には向いていない、ということでしょう」。私はこの発言に驚き、そして落胆した。ここは私のくるべき場所ではなかったのか、と疑問を抱き始めた。

そんな頃、石川経夫先生の講義を受けた。そして、この人ならもしや、という予感がして、効用理論に関する疑問を告白してみた。先生は、私の主張を慎重に検討された上で、そのような疑問は当然のことであり、効用理論を根本的に洗い直す研究をしている学者も少数ながら存在することを教示して下さった。私は、息を吹き返した思いで、自分の考えをレポートにまとめ、石川先生に提出した。そのレポートが本書にも収められている「論理的選好」のとっかかりであり、一連の意思決定理論の研究の始まりにもなった。

その直後、先生は一度目の発作に倒れ、入院された。私はお体を案じ、レポートのことは忘れることにした。しかし先生は退院すると、レポートが書類の山に埋まってしまったので再提出してほしい、と申し出られたのである。私は、病後の先生を煩《わずら》わすような代物《しろもの》でないので、と丁重にお断りをした。けれども先生は、自力でレポートを見つけ出され、丁寧なコメントを下さった。私は、とても感動し、先生に指導教官をお願いすることにした。

夏休みに、私は先生のご自宅まで、修士論文の進捗状況を報告にうかがった。昼食をご馳走になった後、長時間にわたって突っ込んだ議論をしていただいた。先生は、議論に熱中したあまりやかんを空焚《からだ》きしてしまった、と詫《わ》びられた。私たちは、お茶なしでケーキを食べながら議論を続けた。あの午後は、私にとって一生涯の宝ものになったと思う。

修論の査問の日、他の教官にいじわるな質問をされても、石川先生に助け舟を出していただく必要がないよう、私は周到な発表を行った。目論見《もくろみ》通り、先生に一言も口を開かせずに済んだ。そのときの柔らかい眼差しが、先生に関する最後の記憶となってしまった。その直後、先生は二度目の発作に倒れられ、無念にも今度は回復されなかった。

師を失ったショックから、私はしばらくの間、効用関数に関する研究を凍結していた。そんなある日、就職した帝京大学で、たまたま「厚生経済学」を担当することになり、師の『所得と富』を参考に講義しようと思い立った。その講義中、ジョン・ロールズの格差原理に触れたとき、突如、私の視界は涙に歪《ゆが》んでしまったのである。

『ヒカルの碁』というのは、平安時代の棋士《きし》の亡霊が現代の少年ヒカルに宿り、その導きで碁打ちになる、という師弟愛の物語である。亡霊は、碁への愛と執着の故、ヒカルに取り憑《つ》いてしまったのだ。しかし、道半ばでなぜか亡霊は消え失せてしまう。ヒカルは、失意で碁を打てなくなる。長いスランプの後、ヒカルはたまたま打った碁での自分の一手の中に、消えた亡霊の棋風《きふう》を発見する。

自分の中に師の影を見たヒカルは、それをきっかけに立ち直るのである。

私にもこれと全く同じことが起きたのだ。ロールズを語る私の口調は、ひどくつたないものの、そこには石川経夫の魂が確かに宿っていた。講義しながらも私は、まるで師から教えを受けているような気分だった。

ちょうど同じ頃、NHK出版の大場旦氏との間で、本書の企画が持ちあがった。大場さんは、雑誌『談』のインタビューを読んで、声をかけて下さったのだ。このインタビューは、確率理論とリスク社会の関連をテーマにしたものだったが、思いつきだけで根拠のないことをいくつかしゃべった。学者として恥ずべき行為だったかもしれない。ところが、「厚生経済学」を講義する私の頭の中で、『談』で放言したことが急速に形を成しつつあった。無関係に見えた碁石の配置が、ものすごい勢いで、意味を持った盤面に発展しているみたいだった。研究を進めていた「ナイト流不確実性」や「コモン・ノレッジ」が、ロールズ原理とスパークした。「論理的選好」や「確率の時制」が環境経済学の上に芽を出し始めた。私は、本書にそれらすべてをぶつけることにした。まだ、論文にもなっていない、生煮えのものである。どんな評価を受けるか、怖くもある。けれども、これだけは自信がある。石川先生と本書の内容について議論したならきっと、またやかんの空焚きをして下さったことであろう。

最後に、本書の素材となったナイト流不確実性やコモン・ノレッジの論文を私に教示してくれた経済学者の尾山大輔さんにお礼を述べたい。彼は、いい意味で私に礼節を持たなかった唯一の院生仲間であった。彼がいなければ、私の現在の研究状況は全く別物になっていただろう。また、本書を企画し、方向付け、妥協のない校閲によってわかりやすくし、大澤真幸氏の論文まで紹介してくださった大場さんにも、感謝の念が絶えない。編集作業でお世話になった五十嵐広美さんにも感謝したい。結局、本書きとは、すばらしい編集者との出会いの「奇跡」をつないでいくことなのだと実感している。そこにはありていな確率論は通用しないに違いない。

二〇〇四年一月

小島寛之

小島寛之 ── こじま・ひろゆき

● 1958年東京都生まれ。東京大学理学部数学科卒。同大学院経済学研究科博士課程単位取得退学。経済学博士（東京大学）。専攻は数理経済学。現在、帝京大学経済学部経済学科教授。数学エッセイスト。

● 著書に、『サイバー経済学』（集英社新書）、『数学の遺伝子』（日本実業出版社）、『ＭＢＡミクロ経済学』（日経ＢＰ社）、『文系のための数学教室』（講談社現代新書）、『使える！　確率的思考』（ちくま新書）、『エコロジストのための経済学』（東洋経済新報社）、『算数の発想』（ＮＨＫブックス）など。

NHK ブックス［991］

確率的発想法　数学を日常に活かす

2004年２月25日　第１刷発行
2022年５月15日　第11刷発行

著　者　小島寛之
発行者　土井成紀
発行所　ＮＨＫ出版

東京都渋谷区宇田川町 41-1　郵便番号 150-8081
電話 0570-009-321（問い合わせ）　0570-000-321（注文）
ホームページ　https://www.nhk-book.co.jp
振替 00110-1-49701
［印刷］新藤慶昌堂　［製本］三森製本所　［装幀］倉田明典

落丁本・乱丁本はお取り替えいたします。
定価はカバーに表示してあります。
ISBN978-4-14-001991-7　C1333